# 花儿什么
# 都知道

## Blossoms
*And the Genes That Make Them*

**Maxine Singer**

[美] 玛克辛·辛格 著

冯康乐 译

新世界出版社
NEW WORLD PRESS

本书中文简体字版通过 **Fantasee Media Co., Ltd.（杭州耕耘奇迹文化传媒有限公司**）授权新世界出版社在中国大陆地区出版并独家发行。未经出版者书面许可，本书的任何部分不得以任何方式抄袭、节录或翻印。

北京版权保护中心引进书版权合同登记号：图字 01-2021-0934 号

**图书在版编目（CIP）数据**

花儿什么都知道 ／（美）玛克辛·辛格著；冯康乐
译．-- 北京：新世界出版社，2021.3
书名原文：Blossoms:And the Genes That Make
Them
ISBN 978-7-5104-7224-4

Ⅰ．①花… Ⅱ．①玛… ②冯… Ⅲ．①植物－开花－
普及读物 Ⅳ．① Q945.6-49

中国版本图书馆 CIP 数据核字（2021）第 000388 号

## 花儿什么都知道

作　　者：[美]玛克辛·辛格
译　　者：冯康乐
责任编辑：丁　鼎
责任校对：宣　慧
责任印制：王宝根　苏爱玲
出版发行：新世界出版社
社　　址：北京西城区百万庄大街 24 号（100037）
发 行 部：(010) 6899 5968　(010) 6899 8705（传真）
总 编 室：(010) 6899 5424　(010) 6832 6679（传真）
http://www.nwp.cn
http://www.nwp.com.cn
版 权 部：+8610 6899 6306
版权部电子信箱：nwpcd@sina.com
印　　刷：三河市骏杰印刷有限公司
经　　销：新华书店
开　　本：880mm×1230mm　1/32
字　　数：110 千字　　印　张：5.5
版　　次：2021 年 3 月第 1 版　　2021 年 3 月第 1 次印刷
书　　号：ISBN 978-7-5104-7224-4
定　　价：38.00 元

献给露娜、卡普、
埃利奥特和艾玛，
还有他们珍爱的花园。

# 序 言

## 花不是为了人类的快乐而盛开

有时，你还会看到他们一起花好几个小时，用尖头工具去弄坏一朵漂亮的花，只是出于一种愚蠢的好奇心，想知道这朵花由什么构成。当你弄明白的时候，它的颜色更漂亮了吗？气味更甜美了吗？

——威尔基·柯林斯，《月亮宝石》(*The Moonstone*, 1868 年)

谁不喜欢花？鲜艳的花朵装点了世界各地许多人的日常生活。即使在最贫穷的贫民窟里，棚屋周围的泥土堆积如山，也常常有一个旧油桶，里面花草茂盛令人赞叹。许多孩子画的第一样东西就是鲜艳的花朵，花的上方还有金黄色的太阳。不知何故，他们觉得光是重要的。艺术家永远不会放弃这种描绘自然的欲望。几个世纪以来，他们一直在画野花和花瓶里大量鲜艳的花朵。但有多少人知道真正的植物是如何开花的呢？

在过去的几十年里，科学家一直致力于这方面的研究。多亏了现代的遗传学和生物化学方法，以及一种俗称为水芹或鼠耳芥（正式的叫法是拟南芥）的微小杂草，我们现在终于可以讲一个关于植物何时开花以及如何开花的非凡故事了。植物学家用证据回应了威尔基·柯林斯的抱怨，证明了不只有费曼的朱庇特①令人惊奇。

这个故事在三十年前是写不出来的。那时，没人知道植物如何以及何时开花；没人知道植物如何在适当的时候用五颜六色、散发芳香的花朵来装饰自己。

花不是为了我们的快乐而进化的。它们的目的是确保种子的生产。种子越多，就能培育出越多的新植物。只要环境适宜，并且有光、水和营养，它们就能通过花的颜色、香味和形状来吸引昆虫或鸟类，使种子产量最优化。这些来访的动物收集、传播花粉，使植物的卵子受精，形成种子。卵子和花粉可以位于同一朵花中，也可以位于同一物种的不同花中。有些植物不需要传粉动物，在风中就可以散播花粉。

除美丽外，花对我们而言还有重要的意义——它们是人

① 《费曼物理学讲义》中曾谈道："诗人说科学夺走了星辰的美——说它们现在只不过是原子组成的气态球体。可没有什么是'只不过'……星辰背后的真理远比过去任何艺术家所能想象的更神奇！为什么现在的诗人不会谈到这一点？什么样的诗人会在谈到罗马神话中的朱庇特时把他当成真的存在一样，却从不谈论那个由甲烷和氨组成的（实际上真正存在的）气态旋转球体朱庇特（木星的英文名称）呢？"

类和动物的食物来源。在全世界范围内，人类饮食的主食是种子，比如大米、玉米、小麦和豆类。带种子的果蔬是另一种主要的食物来源，如西红柿、南瓜、苹果、橘子等。

鲜花也是笔大生意。这一产业至少可以追溯到罗马时代，存在于我们在花店看到的每一朵花和栽种在苗圃的每一株植物背后。早在 16 世纪，从奥斯曼帝国进口的郁金香就曾流行于欧洲。到了 17 世纪中叶，荷兰陷入了郁金香狂热。投机者买卖的是郁金香的球茎，而不是股票。疯狂的收藏家会在郁金香真正上市前抵押房屋、地产甚至马匹来购买。但是，如同股市那样，郁金香市场最终崩溃了。积压的郁金香被一种病毒摧毁。

今天，花卉产业也是全球性产业，价值数十亿美元。2005 年时，美国人花在鲜花上的钱接近人均 26 美元，但这还远低于大多数欧洲国家。瑞士是最大的鲜花消费国，人均支出几乎是美国人的 4 倍。难怪花农舍得花大价钱把鲜花空运到世界各地——他们知道市场需求旺盛。美国花店里的鲜花大多来自拉丁美洲。大型花卉展览，比如每年的费城花展，可以为一座城市带来数十亿美元的旅游收入。花朵背后的科学，对农业和工业来说也很重要。

19 世纪中叶，在今天捷克共和国的布尔诺市，修道士格雷戈尔·孟德尔（Gregor Mendel）进行了植物实验。他发现种子内包含形成植物以及确定花的颜色和种子形状的信息，他称之为"遗传因子"（factors）。今天，我们把遗传因子称为基因（genes），而且已经知道基因不仅决定花的颜色，还决定花的形状、不同部分的结构、香味，甚至植物何时开花。我们也知道，无论是在植物、动物，还是细菌或病毒中，基因都是 DNA（脱氧核糖核酸）的一部分。美丽的双螺旋分子结构成了 20 世纪的一个标志。关于植物何时以及如何开花的问题，人们在基因和 DNA 中找到了答案。本书就将讲述我们到目前为止所知道的关于这一切如何运作的故事。

令人遗憾的是，大多数人对基因的了解都来自大众媒体，但媒体通常只会报道引起人类疾病的有害基因或对转基因植物臆想出的危害。这些报道让基因有了坏名声。但基因应该被正名，毕竟，它们还给我们带来了玫瑰花的艳丽和茉莉花的香气。

在地球生命进化的过程中，花出现得很晚。根据化石记录，陆地植物在 5 亿年前才出现。最早的花的化石可以追溯到大约 1.3 亿年前。不过，鉴于花很脆弱，很可能在化石形成之前就会腐烂，所以它们的进化很可能更早，只是没有保存下来。当然，开花植物取得了惊人的成功，占据了地球上的各种栖息地，从寒冷的极地到热带，从低地到山顶，它们无所不在。它们的颜色、形状和香气的多样性令人眼花缭乱。

查尔斯·达尔文对基因以及基因如何驱动进化一无

所知。他完全搞不懂花的多样性，把花的历史描述为"一个恼人之谜"。他可能想知道，新发现的化石，特别是对DNA的研究，已经揭开了许多谜团。开花植物的祖先可能是蕨类植物。生长在南太平洋岛屿上的一种名为无油樟（*Amborella*）的开花灌木，似乎与现存开花植物最古老的祖先密切相关。睡莲是大多数人能看到的最古老的植物。

开花植物开始进化后，其路径与动物的进化相同。而辐射、暴露于特定化学物质或细胞分裂时DNA复制错误，会导致它们的DNA发生突变，从而使开花植物的基因不断出现新的变异。如果在特定环境中，这些变异表现出对植物有利的性状或有利于种子生长的性状时，发生变异的基因便会被传递给下一代植物。如果变异使植物不再适应环境，那么植物可能会死亡，不再留下携带变异基因的种子。通过这种方式，新的变异基因和适应环境的新物种开始出现，并蓬勃发展——只要适宜的环境一直存在。简而言之，这就是自然选择。在一亿多年的时间里，这个过程加上气候的变化和动物的进化，让地球上的开花植物欣欣向荣。

一朵花的所有元素，都是包装在植物种子中的基因的产物。就像动物的性活动一样，植物的生命活动也是一个循环：基因建造了植物和花，而同样的基因保存在种子中，可以用来产生更多的植物和花朵。花是植物的生殖器。

一位艺术家在思考如何画一朵花时，可能会考虑画哪种花、什么颜色、什么形状和大小、有多少花瓣等。艺术家的选择会受到想象力和可用材料的限制，而植物的选择则会受到基因的限制。

作为在城市里生活的人，我是人到中年的时候才开始欣赏花园和花的。后来，我在爱达荷州的山区里过了几个夏天，才开始认真地注意起野花来。不过，早在那之前，我就已经知道基因和 DNA 了。它们一直是我五十多年科研生活的中心，尽管此前我研究的是细菌、病毒和动物的基因，而不是植物的基因。

早在了解基因之前，人们就知道植物有时具有意想不到的特性。几千年来，农民和园丁利用这些特性，改善粮食作物，提高栽培花卉的吸引力和多样性。他们了解到，从稀有植物中提取的种子会长出同样稀有的后代，于是他们选育并保存了这些种子。这种人工选择是达尔文提出的自然界进化机制——自然选择的一种应用。孟德尔发现基因时，这一切从科学上得到了更多的解释。尽管他们是同时代的人，但达尔文并不了解孟德尔的实验。真遗憾，因为基因解决了达尔文的一个难题：是什么导致了基因变异，并让大自然利用变异来进行自然选择？

种子的基因可能与制造种子的植物的基因产生不同的一个原因是，该植物是由另一株同类植物的花粉授粉，而不是被自己的花粉授粉的。如果这两种植物是完全不同的物种，是不可能异花传粉的。但当同一物种的两种植物的基因发生偶然突变时，其产生的后代的基因与任何一种亲本的基因都会略有不同。即使植物自花传粉，卵子中的基因和花粉中的基因也不会完全相同。因此，举例来说，粉红色花的植物，其后代也可以开出白花或带有粉红色斑点的白花。进化正是利用这些变异，产生了多样性。

本书第一部分介绍了一些观点，作为后续科学内容的基础；什么是基因以及它们如何运作，构成了第二部分；第三部分则描述植物如何知道何时该开花；第四部分涉及植物如何构造出花朵；第五部分概述植物如何装饰花朵以吸引传粉者。读者会遇到一些新的概念和不熟悉的术语，这是我们谈论新思想或新发现的基因和过程的唯一途径。对于不时出现的关键性的新术语，读者可参见书后所附的术语表。

花形成的步骤和过程并不总是合乎逻辑的，有些可能看起来具有不必要的复杂性。这是因为进化是无方向、随意且常常低效的。进化利用的是基因的奇特变异，而这取决于这些变异在特定环境条件中的表现。环境条件包括温度、光照以及是否能接触到必要的传粉昆虫或鸟类。正如已故生物学家、作家斯蒂芬·杰伊·古尔德（Stephen Jay Gould）一直强调的那样，进化是偶然的，需要在特定的环境中出现特定的基因变化才行。

有数十位科学家的名字在本书中没有出现，虽然他们做着科学实验，推进着本书所述的故事。不写具体的人名有几个原因。通常，任何关于特定的过程或基因的知识，都有一段很长的发现史和发展史。对于每一个科学发现，找出哪些相关的人应该被提及并不总是那么简单。几个不同的科学家可能会同时有新发现，有时是在几十年后，这些发现才会形成连贯的故事。在略去研究史不讲的情况下，讲述一朵花是在何时，又是如何被制造出来的故事，就已经够复杂了。所以，感兴趣的读者可以参考书末建议的延伸阅读书目，来更多地了解为这个故事做出贡献的无数科学家。

我们对植物开花的方式和时间的了解还不完备，还有许多方面有待探索和解释。本书所讲的内容，主要基于当前的研究，在未来也许会被证明有误导性，甚至是错误的。但这就是科学的本质，新的实验和概念的目的在于使我们越来越接近事物真正的运作方式。

我希望你读完本书后，无论在街亭里看到长茎红玫瑰，在春天的花园里看到黄色郁金香，还是在夏末的山腰上看到野生的紫菀，都会想起它们是基因的产物，而在地球漫长的生命历史中，基因在不断地进化着。

# 目 录

# 从认识植物与花开始

植物可能困处一隅，但它们可以做很多事。我们将在本节中讨论这些内容，但在开始前，我们要先了解一些词汇和概念，才好接着讲后面的故事。

　　第1章是关于名称的：植物的名字、花的各个部分和基因的名称。在为大众读者撰写科普作品，尤其是遗传学方面的作品时，术语是一个令人头疼的东西。谈论小说时，没有人会因为遇到复杂的外语名词而烦恼。与《战争与和平》中的名字相比，科学书籍中的新词似乎更难记住。科技术语让许多人望而却步。几年前，我的一位同事发现，学生在大学生物入门课上遇到的生词，要比第一年学法语的学生遇到的生词还多！怪不得有这么多的学生退掉生物课。新发现的事物或过程需要有新的名称——比如动词"to Google"（谷歌一下）就是这样的新词汇。没有它们，我们就没法交流。

　　读者将会在这本书中遇到一些不熟悉的术语，但我已经尽最大的努力将它们控制在最低限度内。但即便如此，所有的植物和植物的部分以及基因和形成基因的分子都需要名称，本书中使用的许多名词，都是过去几十年中才创造出来的。即使在过去，记住各种植物的名称也是一种挑战。而如今，如果同一个基因在多个实验室或多个有机体中被发现，还会被赋予不同的名称。对于阅读研究论文的科学家来说，这很让人头疼。各国的科学院都在试图通过建立委员会来改善这一状况，这些委员会对统一命名的决定进行了争论，但在过去的几个世纪里，这个问题并没有取得太大的进展。

第 2 章探讨了植物与动物的异同。它们的差异对每个人来说都显而易见，但相似之处又能让人大吃一惊。我们和植物的亲缘关系很深。在基本层次上，我们是表亲——远房表亲，但仍是表亲。有多远？无人确知。动物和植物的联系体现在我们拥有"共同的祖先"上，而这种联系可以追溯到十亿年前：当时，陆地植物的祖先出现在了海洋中。

植物对它们所处的环境了解很多。它们可能没有我们的感觉器官，但对白昼的长短、阳光的方向、温度和重力，甚至在某些情况下对接触都有反应。它们也感觉得到年龄和成熟的程度。第 3 章会总结植物在没有动物那样的感觉器官的情况下是如何感知的。看完这些内容，你会发现，所有这些方面都对开花很重要。

# 植物是这样命名的

　　泰奥弗拉斯托斯（Theophrastus）是已知的第一个尝试厘清植物命名规则的人。因此，他有时被称为"植物学之父"。他生活在公元前 300 年左右，后来有幸成了亚里士多德的学生。他的出生地是希腊莱斯沃斯岛上的埃雷索斯小镇，那里矗立着一座他的纪念碑。按照现代的标准来看，泰奥弗拉斯托斯提出的分类不是很有用，但能算是一个开端：树木、灌木、草本植物、谷类和有刺植物、无刺植物。不知为何，他基本没有提及花。

　　18 个世纪后，在欧洲，草药医生和植物学家开始发明和推广标准名称，以避免因同一植物在不同地方使用不同名称而造成的混乱。他们被迫这样做，是因为在 1492 年哥伦布航行到美洲和所谓的"地理大发现时代"到来之后，人们从西半球引进了许多新植物。植物园在此时建立，目的是收集所有或普通或罕见的植物。

　　18 世纪，瑞典植物学家林奈（Linnaeus）最终解决了命名的问题。林奈采纳了一些早期的想法，包括使用拉丁语——当时大多数学者和医生使用的语言。他还与世界各地的科学家通信，继而建立起了一套命名系统。每一种植物（和动物）的名字都由两部分组成：第一部分描述植物所属的一般群组——属（genus）；第二部分指定了某种特定的植物——种（species）。当地人依然可以使用植物的俗名，但专业园丁和科学家却能利用科学的命名，跨越地理的界限进行交流，也不会引起混淆。林奈系统一直沿用到今天。命名中的两个部分都以斜体字书写，按照惯例，种名的开头字母要小写。

在写作本书的时候，我家花园里的兜藓（lungwort）刚刚露出了带斑点的叶子。兜藓在科学上被叫作疗肺草（*Pulmonaria officinalis*）。"兜藓"这个俗称并不是很好听，但这种开着粉红色和紫色花朵的植物却是我最喜欢的一种。后文中出现的蒲公英，学名叫西洋蒲公英（*Tavaxacum officinale*）。这两种植物的种名一样，但属于不同的属，两者并不相干。

本书使用常见的美式英语名称来指称花和开花的植物。英语里的植物俗名很让人困惑。按照林奈系统的标准被称呼为玉米（*Zea mays*）的作物，在美国被称作"corn"，在英国被称作"maize"。而在英国，"corn"则用来描述某个地区主要的谷类作物，无论品种如何。比如苏格兰称燕麦为"corn"，而英格兰称小麦为"corn"。

园丁和其他花卉爱好者应该熟悉本书提到的许多常见花卉，如玫瑰、矮牵牛和金鱼草。我们对花的颜色的了解在很大程度上来自对矮牵牛和金鱼草的研究。还有一种植物，名称是拟南芥（Arabidopsis），大多数人不太熟悉，但在全世界植物科学家的日常词汇中都有这个名字。就像小白鼠被当作研究包括人类在内的所有哺乳动物的遗传学实验动物一样，世界上广泛分布的小杂草拟南芥是植物学家最喜欢的实验植物。拟南芥俗称阿拉伯芥或鼠耳芥，但我们可以简单地将其称为拟南芥。

大多数园丁都知道"一年生"和"多年生"这两个词。一年生植物的种子每年播种，在相对较短的时间内发芽、生长、开花和结籽。许多野花都是一年生植物。百日菊和矮牵牛是温带园林中常见的一年生植物。一年生植物开花后，或在天气变冷、白昼变短时，就会枯萎，只留下种子来保证再生。多年生植物是年复一年生长和开花的植物，如仙客来、勿忘我和耧斗菜。还有一些多年生植物是乔木、灌木和每年开花的藤本植物，包括苹果树、杜鹃、牡丹和金银花。有些物种的植物既包括一年生植物，也包括多年生植物，拟南芥就是这样一种植物，多种形态是它成为良好的实验植物的原因之一。

园丁和那些在生物课上保持清醒的人，也许记得花的各部分名称。生物学家称这些部分为器官（见图1）。每个器官都有特定的功能，就像我们身体的器官一样。

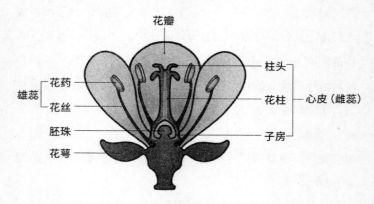

图1 花的结构示意图

　　林奈提出，植物可以根据雄蕊和心皮，即花的雄蕊和雌蕊的数目，分别进行分类和命名。他甚至把盛放花粉的雄蕊称为"丈夫"，把心皮称为"妻子"，把花朵本身称为"床"。一些同时代的人认为，这种所谓的"性系统"（sexual system）很有趣，但其他人对他们所说的"植物学色情"则震惊不已。有人甚至说，女士们不应该审视植物的性器官。尽管有这种反对的声音，"性系统"还是很快就流行起来了，因为这一表述容易理解、直截了当。这代表了科学的民主化，基于此，不仅仅是专家，任何人都可以通过计算花中雄蕊和雌蕊的数量来识别植物的种类。

单被花①的正中心通常有一个心皮，看起来像杵臼，也常被称为雌蕊（pistil）。该词源于拉丁语，意为杵。心皮通常有三个部分，它们共同组成雌性生殖器官。心皮的底部是含有卵子的子房。子房顶部有一根管——花柱，花柱的顶端是一个凸起——柱头，用来捕捉花粉。心皮周围有不同数目的雄蕊。它们由细细的花丝构成，上端也有一个凸起，即花药，它携带着相当于动物精子的花粉。

花瓣一般是一朵花彩色的、引人注目的部分，它围绕着心皮和雄蕊。花瓣的下面，在花的外面是一些小的叶状结构，通常为绿色，这是花萼。在花开之前，封闭的花萼盖住花蕾。有时花萼也可以是彩色的，如兰花和番红花（*Crocus sativa*）的花萼看起来就像花瓣，并构成了花的一部分。雄蕊和心皮是产生下一代植物的器官，是花的核心部分。花萼保护着这些器官，而花瓣既引诱传粉鸟类和昆虫，又保护花免受它们的侵害。

19世纪，发现遗传物质的修道士格雷戈尔·孟德尔未能通过教师资格考试。和许多聪明人一样，他不擅长考试。但他能继续教年龄最小的学生，这使得他有足够的时间待在布尔诺的修道院花园里。他擅长研究豌豆，但这绝不是他唯一的爱好。他和当时的许多植物育种学家都知道，种子能携

---

① 单被花指只具花萼而无花冠的花。

带其亲代植物的特性，如种子和花的形状及颜色等。但孟德尔做了一件独特的事情：他对植物进行了计数，并做了详细的记录。他记录了豌豆种子（即豌豆）的颜色和形状，以及提供花粉的豌豆花的特征。他在一朵花的柱头上刷上其他花的花粉，并小心地防止这朵花自己的花粉触碰到柱头，之后记录下提供花粉的花的颜色。当下一代种子出现时，他再记录下有多少豌豆是绿色的，多少是黄色的。当第二代种子播下时，他又数了一下新长出的植物中有多少开白花、多少开紫花，又有多少豌豆是绿色的、多少是黄色的。这样做了好几代实验，他把每一次的结果都记了下来。从这些实验以及利用豌豆的其他性状进一步开展的实验中，孟德尔推断出"遗传因子"的存在及其规律，今天，我们把孟德尔的"遗传因子"称为基因。

孟德尔在布尔诺向对此感兴趣的人做了演讲，甚至还在当地的一家杂志上发表了一篇论文。但很少有人读过这份报纸，也没有几个人了解他所做之事的意义。他和他的成果都被遗忘了。

50 年后，也就是 20 世纪初，科学家在植物和动物身上做了同样的实验，重新发现了孟德尔的报告，并认识到这些成果的重要性。这位名不见经传的修道士，在科学家开始自己的研究的几十年前就已经"领先"了他们，而他们甚至对他一无所知。在那之后，有关基因的实验、思想和新知识以越来越快的速度出现。

　　遗传学最重要的进展之一，就是认识到繁殖快速的果蝇（*Drosophila melanogaster*）是研究基因的一个优秀的模式生物。果蝇基因是最早被命名的基因之一。该基因的发现者、美国人托马斯·亨特·摩尔根（Thomas Hunt Morgan）称其为 *WHITE*（意为白色），因为他所研究的果蝇眼睛是白色的，而不像别的同类生物，眼睛是红褐色的（基因的名称用大写字母表示，就像生物的拉丁学名一样，用斜体字书写）。

　　摩尔根对白眼基因的发现和命名，说明了基因命名的一个奇怪的方面。果蝇通常有红褐色的眼睛。如果红褐色色素所需的基因丢失或不能起作用，果蝇的眼睛就呈白色，这个基因的名字就叫"白色"（*WHITE*），这其实告诉了我们基因发生意外事故时到底发生了什么，而非基因正常工作时会做什么。这看起来令人困惑，与众人的预期相反，但它确实有一定的意义，因为在 20 世纪的大部分时间里，只有在基因不能正常运作时，它的存在才会变得明显。直到今天，这仍然是许多基因被发现和命名的方式。人类有一种遗传性疾病叫囊性纤维化，导致这种疾病的缺陷基因被称为**囊性纤维化基因**（*CYSTIC FIBROSIS*）。这个名字并不能告诉我们正常的基因会做什么，只会告诉我们当它不能履职时会发生什么。同样的颠倒情况也存在于植物中。多叶基因

（*LEAFY*）是开花所需的基因。当有缺陷的多叶基因使拟南芥不能开花时，人们发现了这一基因。有基因缺陷的拟南芥无法开花，于是只能不断地长出叶片。

多叶基因是植物开花所需的众多基因之一，其中许多基因也按照它们不能正常运作时产生的结果来命名。基因 *APETALA1*、*APETALA2*、*APETALA3* 对花的形成起主要作用，*APETALA* 系列基因有缺陷时，植物就不能开出正常的花。在本书的后续章节中，我们还将再次谈及这些基因。

尽管基因的命名方式看起来很落后，但至少暗示了功能基因的用处。例如，白眼基因对果蝇眼睛的颜色很重要。*APETALA* 系列基因是花瓣形成所必需的。一个基因若发生了很大的变化，以至于不能完成常规的任务，我们就说它发生了突变（mutation）。自从摩尔根发现白眼基因以来，研究突变基因一直是理解遗传规律的关键。

孟德尔发现，植物和花的性状遗传，取决于我们现在所说的基因。摩尔根和其他人了解到动物的遗传也依赖于基因。育种实验的实验生物，如豌豆和果蝇，揭示了大量关于基因和突变的知识。20 世纪初，科学家发现人类也有基因，并能将其传给后代。他们通过研究突变性状（如遗传病）由父母传给后代的方式发现了这一点。令人惊讶的是，所有这些对基因及其工作原理的洞察，都是人们在完全不知道基因为何物以及基因如何导致生物发生如此深刻变化的情况下进行的。

　　想象一下，在 20 世纪中叶，当科学家了解到基因真正的结构以及它们是如何运作的时候该有多么兴奋。那时候我还是研究生。我们所学的一切以及教科书中的许多内容，都有了新的意义。那是一场革命。而像所有的革命一样，年轻学生比教授们更快地接受了它。

　　这场革命的一个产物，就是对基因的明确定义——或我们所认为的定义。在那之后的六十多年里，这种明确性变得越来越模糊。生物学家现在很难就基因的直接定义达成一致。在一段时间内适用的定义，有了新发现之后都会过时。这种情况令人气恼，但也没必要花时间担心。思考我们已知的和应该去学习的东西，要比停留在定义上有趣得多。

　　现在，只要认识到基因是由 DNA 编码的生物信息单元就足够了。基因决定了动植物如何生长、成熟，会长成什么样子，如何获得和使用能量，如何对其所处的环境做出反应，以及如何繁殖。本书余下的内容，将介绍植物及其花朵如何确保能繁殖后代。

# 植物如何繁殖后代？

*我们想让一切顺其自然，但万物总是纠缠不清。*

——约翰·缪尔

　　大多数植物都是绿色的，但没有多少动物是绿色的。有些昆虫、青蛙、鱼是绿色的，但也仅此而已。那么，为什么我们经常把来自外层空间的游客想象成"小绿人"呢？是在嫉妒植物吗？很有可能。植物用阳光、二氧化碳和水制造自己的食物。动物无法那样做，只能把植物当作食物。其中也包括肉食动物，因为这些肉来自以植物为食的动物。植物之所以能为地球上如此多的生命制造食物，依赖于它们表面的绿色，这个制造食物的过程即光合作用（photosynthesis）。植物的绿色来自一种叫作叶绿素（chlorophyll）的色素，这种色素与使我们的血细胞变红的红色素——血红蛋白（hemoglobin）有关。光合作用使植物可以长得很高大，即使是现存最大的动物，也比不上大多数树的大小。

与动物不同的是，植物不能到处移动，去寻找新的食物或配偶。它们必须留在扎根的地方。因此，植物靠产生花和种子来克服这一缺点。有些植物用自己的花粉使卵子受精来产生种子，玉米就是一个很好的例子。另一些则依靠风、昆虫或鸟类来传播花粉。

即使有这些差异，植物和动物也是近亲，因为它们都有由 DNA 构成的基因，并能将这些基因遗传给后代。植物在卵子和花粉中传递 DNA，而动物则会把卵子和精子的 DNA 赋予下一代。像细菌和古生菌这样的微生物尽管不是有性生殖的生物，但也依赖于 DNA 和基因——它们通过分裂繁殖时，也会传递 DNA。地球上所有的生物对 DNA 和基因的依赖，正是一种深刻的证据，由此可以得出结论：地球上所有的生物在数十亿年前，是由一个非常古老的共同祖先进化而来的。

除了 DNA 和基因，地球上所有的生命还有许多共同之处。比如，所有生物都由细胞构成。一个人身上有数万亿个细胞；许多生物学家研究的微小线虫有 959 个体细胞；植物有数百万个到数十亿个细胞，具体多少取决于它们的大小。

细菌以及某些动物和植物是一个独立的细胞，在没有显微镜的情况下，不容易被看到。植物和动物繁殖的基本要素——卵子、花粉和精子——本身就是单细胞。由花粉或精子受精而形成的受精卵细胞也是单细胞。最重要的是，受精卵中含有来自"父母"双方的 DNA。

　　动植物的共同祖先是一群单细胞生物。其中一些发育出叶绿素和绿色的身体，后来就成了绿藻和多细胞绿色植物的祖先。另一些没那么多姿多彩，发展成了单细胞真菌和多细胞动物。多细胞生物在植物和动物中是分别演化的。

　　细胞是一袋袋的化学物质。这些"袋子"由磷脂细胞膜制成，能很好地保持细胞的完整性，并为其提供保护。这些薄膜就像保护军事基地或工厂的防护围墙，但正如受保护场所需要允许人员和车辆进出一样，细胞也需要允许一些物质（如营养物质）进入、另一些物质（如废物）离开。磷脂细胞膜上布满了控制其他分子进入和外出的分子。在细胞内部，大大小小的各种分子组成了多种微小的结构，这些分子包括蛋白质、碳水化合物、DNA 和 RNA（核糖核酸）。这些结构都是执行生化过程的机器，帮助细胞存活、生长和分裂。

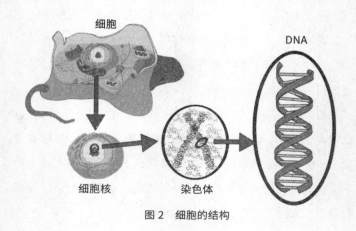

图 2　细胞的结构

在每个动植物细胞内都有另一个"袋子"，叫作细胞核（见图2）。细胞核内有 DNA，是细胞的信息中心。细菌和古生菌的细胞没有细胞核，它们的细胞结构更简单，它们的 DNA 和许多其他分子都漂浮在细胞内。

一种新的植物或动物的发育始于受精卵细胞的分裂。一个分裂成两个，然后是四个，如此不断，直到整个生物体构建起来。在每个细胞分裂时，DNA 都会被复制。分裂产生的两个新细胞，即子细胞，会分别接受一套原本存在于受精卵中的完整 DNA。在发育早期形成的细胞被称为干细胞（stem cells），之所以这样命名，是因为它们还可以形成多种细胞。通常，这些干细胞的分裂会产生更多的干细胞，但有时，细胞分裂也会形成两个不同的细胞：一个是干细胞；另一个细胞的内部基因产生了细微的改变，从而被重新编程，成了一个具有特殊能力的细胞，如形成根、茎、叶或花等特定器官的细胞。

植物干细胞聚集在生长中的芽的顶端，这个地方被称为分生组织（meristem）。当分生组织的细胞分裂为两个子细胞时，其中的一个就构成了植物本身的一部分——例如更长的茎或一片叶子的发端。而另一个子细胞还是干细胞，会留在分生组织中继续分裂。等到开花的时候，一些分生组织的细胞就会收到信号，改变基因编程，并准备生产用于构成花朵的细胞。这是一项复杂的任务，因为花的四个器官——

心皮、雄蕊、花瓣和花萼——中的每一个都包含不同的特化细胞。这四个器官将共同培育出含有种子的果实，这些种子将生长成下一代。这就是花的全部意义所在。

大多数人都知道，动物会制造一类特殊的细胞——配子（gametes），而配子的任务是产生下一代。配子是一种生殖细胞，分为雄配子和雌配子，动物产生的雌配子通常被称为卵细胞，而雄配子被称为精子。最终，雌性产生的卵子和雄性产生的精子必须结合在一起，然后要么留在母体内，如在某些昆虫和哺乳动物（包括人类）体内，要么留在外部环境中，如鱼类将受精卵排在水中。能够形成卵子和精子的配子细胞，在动物发育的早期被搁置了起来。在哺乳动物中（包括人类），这发生在胚胎发育的早期。这些配子细胞在动物体内受到保护，等待着成熟和发育的时刻到来。

开花植物也有配子，但植物在发育早期并不会把这些生殖细胞搁置起来；相反，它们直到植物生活史的后期才形成，是形成花的一个环节。这些配子（卵子和花粉）也来自干细胞，但它们只有在植物成熟到足以开花时才会发育。发育时，花粉是在柱头内制造的，而卵子则是在花的心皮中制造的。

在承担造花的任务之前，植物首先需要感知什么时候应该开花。许多动物，包括我们人类在内，需要达到性成熟之后才能繁衍后代，且许多动物只在特定季节繁殖。植物在长出花和种子之前，也需要达到性成熟，但仅仅性成熟并不足以确保繁殖成功。为了使后续的受精和结实、播种高效进行，植物对开花时间的掌控极为重要。许多植物基因的功能都是推迟开花，直到时机成熟。正确的开花时间的诱因包括温度和光照，我们将在后文中讨论这两个方面。生殖周期与环境的协调并不局限于植物，许多动物对日照时长等诱因也有反应。例如，西伯利亚仓鼠只会在白昼长的日子里繁殖，一些植物也是如此。

植物不能从生长的地方迁移，如果要产生新一代植物，有两个重要的分配问题需要解决：首先，它们需要想出一种方法，将花粉散布到自己的心皮或同一物种相邻植物的心皮上；其次，植物需要一种方法来散布种子，如果所有的种子都落在花朵的附近，那新萌生出的植物就会互相挤在一起，争夺食物和水。

花粉的散布问题可以通过风来解决，这也是一些植物采用的一种解决方法。但是风不可靠，也很低效，因为它是不定向的。进化为植物找到了一个更好的解决方案，让植物与昆虫、鸟类共同发展，一起走向成功。许多花产生的花蜜是一种诱饵。昆虫和鸟类会被吸引，前来寻找花蜜，很多还进化出方便获取花蜜的性状，例如蜂鸟的长喙和蝴蝶的口器。接下来，当昆虫和鸟类进食花蜜时，身体碰到柱头，带走花粉，又将其涂在同一株植物或它们造访的其他植物的心皮上（见图3）。

图 3　蜂鸟采食花蜜

　　对于种子的散布，进化给出了许多不同的解决方案。含有种子的蒲公英绒球就是一个例子。绒球会被风吹到新的地方。园丁每年春天都需要拔除大量的蒲公英杂草，由此可以看出，蒲公英散播种子的方法还是非常高效的。鸟类可以在脚爪和羽毛中携带植物种子，并将其传播到离来源地很远的地方。动物食用植物种子和包含种子的水果，未消化的种子会在新的地方排出。这是使生命世界成为一个巨大的、相互依存的网络的许多自然过程之一。

　　种子也许很小，但它们却含有形成一棵新植物所需的所有DNA，甚至能长成大树。这些DNA分别来自每颗种子的"父母"双方，通过"父母"的花粉和卵子进行传递。种子中还含有一些营养物质，供新植物开始生长时食用，直到它的叶子和根生长到足以汲取足够的食物和水。正因为如此，有些种子，如豆子和玉米，大到可以作为动物（包括人类）的食物。

# 光、温度、成熟度，缺一不可

　　生活在四季分明的中高纬度地区的人，会在冬末或早春等待鲜花绽放。那时候，白天越来越长，气温也逐渐回升。突然间，大地有了颜色，不再是单调的灰色或冬天的白色。在接下来的几个月里，鲜花、颜色和气味会以可以预知的顺序依次变化。

　　在季节变化不是很明显，甚至根本没有季节之分的地方，一些花四季都会开放。尽管如此，植物的开花时间依然可以用来标记月份。加利福尼亚中部和地中海地区尽管一年之内的温度变化很小，但种植在那里的杏树依然会在冬末或早春开花。

　　美国农业部根据纬度将美国粗略地划分成了几个地区，遥远的西部地区除外。这些区域的分界线和美国各地冬季最低气温的等温线基本重合。许多园林目录也用这种方法来标记美国地图。目录中对植物的介绍包括了关于适宜种植区域的建议。例如，东海岸的中大西洋地区位于第 7 区，在那里种植的樱花通常会在 4 月初开放。而在更靠北的第 6 区的樱花树则会稍晚开花,因为那里比较凉爽。在北加州,第 9 或第 10 区的樱花开得更早。不同区域的野花也会在不同的时间开放。

任何在过去几年中关注过气候的人都知道,由于全球变暖,气温比过去更早地升高了。2012 年 3 月下旬,第 7 区的樱花树就已经开花了,比往常早了几个星期。4 月初,当游客涌进华盛顿特区参加著名的樱花节时,这些樱花已经芳华退去,只剩残骸了。2012 年初,美国农业部对区域的定义进行了修改,以适应全球变暖的趋势。如果地球继续变暖,这些定义很可能在未来几年再次被修改。比起人类,昆虫和鸟类更会因植物开花时间的变化而感到不便。如果花在传粉动物准备好采集花蜜之前就开了花,就会破坏花与昆虫、鸟类之间重要的共生关系。

然而,温度还不是问题的全部。由于地球每年围绕太阳公转,昼夜的变化也会影响开花时间。春天不仅比冬天暖和,入春以后,白昼也开始变长。

我们都知道,北半球的白昼在 12 月冬至之后开始变长,而在 6 月的夏至之后开始变短。南半球的情况正好相反,12 月迎来夏至,6 月迎来冬至。不论在北方还是南方,漫长的白昼就意味着较高的温度,特别是在温带地区。在每年的不同时间,阳光照射到南、北半球上的角度和总量也是不同的。

这些差异是地球围绕太阳公转，以及地球的自转轴存在倾角的结果。这意味着地球与太阳的位置关系每天都在变化。植物比我们更关注光周期的变化，因为这些变化会影响花的开放时间。

不同物种在开花时间上有很大的不同。杜鹃花属（Rhododendron）的杜鹃花在春季开花，时间比樱花要晚，尽管它们的花蕾在整个冬天都很常见。菊花和紫菀通常到8月底或9月才开花。鲜花的颜色和香气每年都在有规律地变化，这种美丽的渐变激励着园丁继续坚持园艺工作，虽然这项工作很艰巨，又令人郁闷。在霜冻时节到来之前，一座精心设计的花园总是有盛开的鲜花来吸引眼球。

这些每年一度、规律绽放的鲜花告诉我们，植物对周围的环境了解得很多。在某些情况下，它们对光、温度、重力甚至接触都有反应，并利用这种"知识"来决定什么时候开始制造花朵。

一年生植物在相对较短的生长季节（几个星期）内完成种子萌发、植株生长、开花、结实和散播新种子的生命全过程。夏天最受欢迎的几种花（如金盏花、矮牵牛、百日菊）和一年生的各种拟南芥都在春天播种，植株开始生长之后不久便会开花；相反，有些树长了几十年才会开花。植物的年龄和成熟程度以不同的方式影响着开花时间。竹子很少开花，往往开花之后就死了；杨树在开花前会生长七到十年；柑橘种植者必须等上几年，他们的树才能成熟到可以开花结果。人们总想培育具有理想性状的树木，或利用基因工程对植物进行改造，但往往苦于植物漫长的生命周期。科学家必须等上几年才能知道培育树木的结果。

一棵栗树要花七年才能成熟，并开花结果。对于有兴趣移栽这些大树到美国的人来说，这是一个大问题。美国栗树曾经覆盖了从东海岸以西几乎到密西西比河之间的广大地区。这些树高大、漂亮，摘栗子也曾是乡下年轻人最喜欢的消遣方式。它们还支撑起了为人和动物提供食品，以及为建筑物和家具提供木材的工作。然而，在20世纪初，美国栗树开始消失，成了一种名为板栗疫的真菌疾病的受害者。到了20世纪中叶，美国栗树绝迹。

中国栗树对这种真菌有抗性，因此人们开始用这两种树的花进行杂交，以期使与中国栗树抗病性有关的基因能成为美国栗树DNA的一部分。苏珊·弗莱恩克尔（Susan Freinkel）在《美国栗树》（*American Chestnut*）一书中讲述了这个故事。每一代栗树的成长至少需要七年，而测试异花授粉结果需要几代，也就是几十年的时间，等待的时间太长了。然而，使用实验植物拟南芥，人们可以在一年内完成几代植物的实验。在拟南芥实验中获得的知识，可以应用于其他植物。例如，通过研究拟南芥这样的一年生植物如何在几周内从幼芽状态转变为成熟的开花状态，园艺师已经学会了如何缩短树木的生命周期。有了这些信息，杨木和新型柑橘类水果的生产可能会更有效率。也许，从这些实验中学到的东西也能加快美国栗树的回归。

成熟度显然是开花的重要诱因，但对我们来说，植物是否已经成熟并不容易观察。植物的成熟度在一定程度上体现在植物体内激素的活性上。一种激素，无论是在植物体内还是动物体内，都是一种分子，可以从一个细胞传递到另一个细胞，影响不同细胞的特性。因此，它起着信号分子的作用。

综上所述，开花至少有三个不同的诱因：一是成熟度，取决于植物内部的状态；另外两个是温度和光，属于外部环境因素。这三个诱因中的每一个都很复杂，对植物的影响要取决于一系列生化反应。这些反应的核心是多种基因的活动。除了诱因本身的复杂性外，它们还需要协调合作，才能让植物接收到明确的信息，得知现在就是开花的正确时间。我们人类也会先协调好外部和内部的多种信号，才会开始进行多种行为。协调这些信号对我们是挑战，对植物来说也一样。植物会以不同的方式，按照不同的时间表来感知、处理和协调开花的诱因，这取决于它们的基因。

想了解不同植物的花形成时间的差异，就得先了解基因的活动如何随温度、光和成熟度的变化而变化。虽然这对植物科学家来说是很艰巨的任务，但在最近几十年，他们已经取得了一些令人惊叹的成功。环境感知的某些方面现在已经被人摸透，其他方面则刚刚开始进行实验探究。

有些基因突变会导致植物开花早于或晚于其物种，甚至会导致某些植物不再开花。研究突变基因，可以帮助解释正常基因在决定开花时间上所起的作用。我们已经提及过一个例子，说一种变异植物只长叶子不开花：这株植物的突变基因被称为多叶基因（*LEAFY*），这个命名甚至远早于人们得知相应的健康基因的作用之时。但这个突变基因对应的健康基因除了促进花的形成之外还有什么作用，人们并不知道。具有这种突变基因的植物是了解开花机理的主要工具。它们的种子也会携带着相同的突变基因，为实验提供可靠的材料来源。要想成功地寻找和研究突变植株，就需要培育成千上万株实验植物。这就是采用拟南芥（见图4）作为实验植物对开花机理研究的有益之处。

图 4　拟南芥外观

上千株拟南芥植株可以生长在箱子内，只占用几平方英尺（1 平方英尺 ≈ 0.093 平方米）的温室空间。这有助于发现具有不寻常开花习惯的突变植株。一旦鉴别出这样的突变植株，我们就可以收集它们的种子了，而这些种子会为相同的新植物提供可靠的来源。如果突变植株根本不开花，就需要特殊的技术来繁殖这些植株。自发突变的植株非常罕见，但如果用某些化学物质或辐射处理种子，突变发生的概率就可能增加。此外，在全世界范围内，有大量的野生拟南芥表现出不同的行为，有些是一年生植物，有些是多年生植物；有些开花早，有些开花晚。植物学家早已认识到，研究拟南芥对于理解植物界而言有重要的意义，因此，人们在 2000 年对拟南芥的整个基因组（该物种的全部 DNA 序列）进行了测序，并将结果全部上传到了互联网上。研究植物的自然变异和实验室内的诱导突变在基因上的差异，对了解开花的机理有很大的帮助。

这里应该提醒一下，对拟南芥的研究让我们了解了基因影响植物开花时间和花形成过程的基本原理，但不同的植物拥有独特的花和开花时间。从花园每年的开花顺序中，我们很容易看到这一点。在温带地区，樱花树和大多数番红花一样开花较早；然后是水仙花，而郁金香一般在水仙花之后才开花。每种植物都在靠拟南芥建立的基本框架的基础上表现出各自的差异。这些差异是由不同物种的基因不同造成的。

通常情况下，基因的变化很小，但能导致植物对环境因素产生完全不同的反应，或形成结构完全不同的花朵。

本书写到的很多内容都基于对拟南芥的研究，因为许多实验用的都是这种便于操作的植物。对其他植物开花过程的研究，通常都是以拟南芥研究为基础发展出来的。另外，对矮牵牛和金鱼草以及对水稻和玉米等作物的研究，也为人类所掌握（至少是认为自己已经掌握）的知识做出了贡献。

不同的植物就像不同的动物，会以不同的方式感知和处理不同的环境因素。例如，好吃的食物会通过让我们闻到多种食材的混合香气，让我们听到平底锅里食物烹饪的嘶嘶声，让我们看到摆在面前的食物，让我们感觉到饥饿的痛苦，来刺激我们的感官。这每一种信号都由我们的感受器官和大脑中相互独立的系统所感知。但这些感知共同驱使着我们坐在桌旁，举起刀叉和勺子，准备大快朵颐。人类的感官以及我们的身体和大脑对这些感官的反应和协调，是动物数亿年来进化的结果。这与植物感知、应对和协调控制开花的环境因素的方式是一样的。

基因突变会产生新的性状。若新性状在目前的环境中恰好对生存有利，那么植物和动物就会进化。突变生物的后代也将携带突变基因，并将突变基因在宜居的环境中进行传播和扩散。新的突变基因由此积累，最终就可能形成一个不同于亲本物种的新物种。新物种的个体已经不能再与亲本物种的个体进行繁殖。现有物种目前的形态和生存技巧不一定是唯一或最有效的，进化只需要让这些形态和能力在目前的环境中足以支持生物的存活就够了。如果某种生物的形态或生存技巧够不上环境的要求，那么在地球上繁衍生息的就只能是其他动植物。我们身边能看到的生物，都是进化的成功者，因为失败者早已消失了。生物长时间稳定存活的底线，就是其基因要与周围的环境相互协调。

植物已经进化出了一种能力，能够感知天气的冷暖、天色的明暗，以及某种状态已经持续了多长时间。目前，相比于植物感知温度，人们更了解植物如何感知光。但是生物对光和热（或暗和冷）的感知和反应，取决于化学和物理条件的限制，光和热都是能量的形式。

来自太阳的光覆盖了光谱的全部波长，可人类只能看到其中一部分。在光谱中，长波末端的红色光比另一端的紫色光携带的能量少。为了感知光和颜色，植物和动物都会使用特殊的分子识别，并把光的能量吸收到它们的结构中。不同的分子会从光谱的不同部分吸光，或者说吸收特殊的能量。这些复杂分子就像生物中的所有分子一样，是由简单分子通过酶（enzyme）这种催化剂的作用而构成的。酶是在基因中编码的。

叶绿素虽然不是开花的信号，但是一个很好的例子，能说明当阳光照射在植物上时会发生什么。叶绿素是一种复杂的大分子，会吸收太阳光可见光谱中红、蓝两端的光，并将绿光反射出来，这就是为什么我们看到的植物是绿色的。还有一种分子——花青素（anthocyanin），是日本枫树的红叶颜色的来源。植物也会利用紫外线和红外线。每一种分子工作时，都会吸收一些光能，并将其余的反射出去。我们稍后还会讲到，当光能被吸收时，某些分子的结构变化可以变成一种信号，让植物做出新的适应，比如向太阳弯曲或者开花。

虽然光、温度和成熟度这三个开花诱因的作用方式不同，但都能激活一个特定的植物基因：成花素基因（*FLORIGEN*），它是启动开花过程的关键。

一个多世纪前，植物学家了解到，如果给一种植物注入另一种正在开花的植物的汁液，就可以强迫它开花。汁液中含有开花过程的某种"启动"信号。又过了半个多世纪，故事的下半段才通过简单的实验写出来。人们将一株正在开花的植物的一片叶子嫁接到尚未开花的植物的茎上，就足以使受体开始开花。这两种植物甚至可能都不是相同的物种！像拟南芥和水稻这样的远亲对相同的信号都有反应。这些简单的实验给植物学家提供了三个重要的事实：叶子能产生一种物质；这种物质（或其衍生物）能通过树液抵达顶端分生组织的细胞，并在那里启动开花程序；同一种物质（或与其密切相关的物质）在各种植物中有同样的功效。因此，这种能引起植物生长程序剧烈变化的神秘物质被命名为成花素。它看起来很可能是某种激素，起信号的作用，并能在植物体内流动。

在大约 60 年的时间里，科学家断断续续地试图鉴别出成花素，但都没有成功。后来科学家得到了答案："成花素"这种假想的激素，能从叶移动到茎，再到顶端分生组织，其结构其实是一种蛋白质。因为蛋白质在生物 DNA 中一定会有相应的编码基因，所以人们的注意力转向了成花素基因，以及它是如何在植物开花的时候被激活的。

植物开花的故事，会不可避免、越来越多地与基因产生联系。但在进一步讲述成花素基因的故事前，我们需要先深入了解一下什么是基因，以及它们是如何被打开和关闭的。成花素基因的故事，我们到第 6 章再讲。

# 基因如何影响花的开放？

如果达尔文知道和他同时代的孟德尔的科研成果，高等植物可能就没那么神秘了。达尔文不知道"遗传因子"，尽管遗传因子本可以阐明遗传的机制，并强化达尔文在自然选择方面的成果。我们现在知道了孟德尔确实读过达尔文的著作，因为在修道院图书馆的那本《物种起源》里有他亲手写的笔记。

大约一万年前，人类开始从事农业活动。人们知道，如果在地里种一粒种子，植物就会生长、开花，并产生更多的种子，这些种子会生长成同样的植物。最早的种植者的头脑中，隐含着一种深刻的想法，即种子包含信息，不同种类的植物，其种子包含不同的信息。我们可能认为"信息时代"始于计算机的发明，但实际上，它在几十亿年前就已经开始了。那时，地球上的生命开始进化。很早以前，中东地区的农民就知道小麦的种子不会长成水稻，美洲的农民也知道玉米的种子不会长成南瓜。这听起来像是小儿科的大实话，但却是一种深刻的观察。几亿年之后，孟德尔终于打开了一扇门，让人们了解了种子为什么能携带信息。而从孟德尔发现遗传因子到 DNA 结构的发现，人们又花了一个世纪。

直到 20 世纪中叶，人们才开始了解基因到底是什么。一些生物学家认为基因肯定是蛋白质，另一些则认为基因肯定是 DNA。相关的争论非常激烈，从没有人知道答案的时代起一直持续到了那时。然后，20 世纪 50 年代初，生物学家证明了基因实际上是 DNA 分子的片段，而且 DNA 存在于每个细胞中，无论是植物还是动物。与此同时，弗朗西斯·克里克（Francis Crick）和詹姆斯·沃森（James Watson）描述了 DNA 分子美丽的双螺旋结构，它很快就成了 20 世纪的标志性图案。

这些发现刚刚发表时，我还是一名初学生物化学的研究生。这彻底改变了我和所有生物学家印象里的生物科学。他们开始了一段令人兴奋的研究旅程，这段旅程已经持续了60 多年，却还丝毫没有衰退的迹象。每一项新发现都揭开了有关生物的新知识和新问题。

在第 4 章中，我们描述了 DNA 分子如何在基因中记录信息。从 DNA 分子本身的结构来看，基因运行的方式非常合乎逻辑。植物和动物的基因组中有大约两万个基因，但在生物的生命中，任何特定的时间或部位（例如根、茎、叶或花),可能只需要这些基因中的一部分。启动和关闭基因的机制是生物成功发育的关键,许多基因的功能就是做其他基因的开关(详见第 5 章)。

第二部分的章节可能比一些读者预期的更具专业性,而且与开花没有直接的关系。但是这些章节会为你理解花的形成时间和方式奠定基础。

# 基因的运作方式

　　如果你在网上搜"信息系统"一词的定义，电脑会回复给你一大堆结果。结果中的每一项，都与人类或计算机以某种方式获取、存储和传输信息有关。幸运的是，詹姆斯·格雷克（James Gleick）在《信息》（*The Information*）一书中给出了更好理解的答案。这本书出版于 2011 年，是格雷克具有里程碑意义的著作。他定义中的"信息系统"包括剧本、非洲鼓的语言和 DNA。而 DNA 不仅以基因的形式存储遗传信息，而且在每一次细胞分裂中，这些信息都会以惊人的保真度从亲代传递给后代，从亲代细胞传递给子细胞。

　　DNA 中的信息里含有开关，开关控制生物在生命周期中该于何时、何地使用某个基因。例如，制造花所需的基因在幼苗生长时被关闭；制造种子所需的基因只有在花形成时才会被激活。该系统在所有生物中的工作方式都是一样的，虽然有些信息对所有物种都通用，但也有些信息仅限于特定的生物，例如，动物体内就没有能够制造叶绿素（绿色的植物色素）的基因。不同种植物之间的许多差异（以及各种动物之间的差异）不仅取决于携带信息的不同，也取决于不同生物 DNA 中的信息被使用的时间和方式。

什么是 DNA？首先，它是一个分子，也就是说，它是由原子组成的，和宇宙中的万物一样。每个 DNA 分子都是一条长链，由四个结构相似的原子组成的单元重复排列构成，我们称这些单元为碱基。DNA 就像一串由四种不同颜色的珠子串成的长链。我们不必多想碱基的化学结构或者专有名称，它们通常只是用缩写——A、G、C 和 T 来称呼。连接在一起的碱基 A、G、C 和 T 形成长聚合链，由相邻的碱基之间形成的化学键连接，这些化学键结构相同。DNA 的信息藏在链上四个碱基的排列顺序中，就像语句中的信息体现在特定的字母及其排列顺序中一样。因此，"ATGGTA"编码的信息就与"GTGTAA"编码的信息不同。

我已经谈到了定义基因的困难。但在大多数情况下，基因可以简单地被定义为生物信息的可遗传单元。基因通常是由几十个、几百个或数千个碱基组成的 DNA 片段。

DNA 的三维结构对其功能而言至关重要。它是一个"双螺旋"，由两条缠绕在一起的链组成，碱基相互成对：A 只与 T 成对，C 只与 G 成对。因此，如果一段 DNA 具有碱基序列 GAAGATCT，则那段 DNA 中的另一条链的序列将是 CTTCTAGA。我们称这两条链是互补的。基因可能出现在这两条 DNA 片段中的任何一条上。

DNA 非常重要，它被限制在细胞的细胞核内，受到严密保护，不会接触到植物和动物细胞中发生的许多生化反应。就其本身而言，除了携带指令（包括那些构建蛋白质和其他分子来完成细胞实际工作的指令）之外，DNA 在细胞中没有其他作用。单个基因中的碱基序列会被复制出来，用来给细胞下达指令。这些复制的碱基会由一种叫作 RNA 的相关分子产生，RNA 可以到达细胞中任何需要它的地方。

RNA 链比 DNA 短得多，因为它们只是从 DNA 上复制而来的片段，通常这些片段对应于特定基因的长度。DNA分子通常有数百万个单元，但 RNA 分子只有几千个或更少，有些甚至只有几个碱基长。RNA 链中与碱基相连的多糖和DNA 链中与碱基相连的多糖不同，而且 DNA 中的碱基 T会被 RNA 中的一个类似的碱基 U 取代。RNA 中的碱基是 A、G、C 和 U。

大多数情况下，RNA 只是从双链 DNA 的一条链上复制出来的，因此是一条单链。这种复制也遵循碱基的配对规则。DNA 的碱基 A 对应 RNA 的碱基 U，DNA 的碱基 T 对应 RNA 的碱基 A，DNA 的碱基 G 对应 RNA 的碱基 C，DNA 的碱基 C 对应 RNA 的碱基 G。如果用于复制的 DNA片段含有碱基序列 GAAGATCT，则相应的 RNA 序列为CUUCUAGA。复制是由蛋白质形成的酶完成的，就像所有的蛋白质一样，这些酶本身也是由基因编码的。

DNA 中的许多 RNA 基因会被复制到 RNA 分子中，每个 RNA 分子的碱基数量都很特别。这样的 RNA 分子对细胞来说是很重要的，它们不需要为蛋白质编码。这些 RNA 有助于执行细胞的许多基本功能，包括剪接内含子①以产生有用的信使 RNA。有时，细胞也需要一些 RNA 来构建和操作细胞器，比如将信使 RNA 中的密码子翻译为蛋白质。许多 RNA 链是基因的开关，影响基因在动植物的生命中启动的种类、方式和时机。还有一些 RNA 在植物开花的过程中起着至关重要的作用，它们将成为本书余下故事的重要角色。

细胞核中 DNA 的复制，有一种情况不产生 RNA。比如，在生长中的植物或正在发育的花中，每当细胞分裂时，DNA 就必须被复制一次，以便每个子细胞都能收到一套准确复制的 DNA 副本，从而获得所有的遗传信息。细胞在分裂时必须打开细胞核，这样 DNA 的两套副本就可以进入两个子细胞了。动植物的种子中拥有许多细胞，其中的每一个都有全套的 DNA，因此也就拥有了该物种的所有基因。DNA 复制的过程就像将基因转移到 RNA 中一样，在很大程度上是准确的。DNA 的复制也是通过酶来完成的，这些酶本身也是由基因编码的。

---

① 中断基因编码区的非编码片段，会在一个基因形成的 RNA 拷贝中被剪接掉。

种子代表新一代，在它们和所有的植物细胞中，一半的DNA来自母本（卵细胞），另一半来自父本（花粉粒）。这和动物卵细胞由精子受精时发生的事情是一样的。后代包含了来自父母双方的信息组合。

植物和动物会投入大量资源来保护DNA的安全，并保持其稳定性。在大多数情况下，动植物的努力都是成功的，新细胞乃至新的后代个体都会收到父母双方DNA的正确副本。但有时，DNA在细胞分裂前被复制时也会犯错误。如果复制发生错误，新细胞甚至整个植物个体都可能会死亡。有时，复制产生的错误引起的变化很小，传递给新细胞的DNA与母细胞的DNA仅有微小的不同。但如果被改变的片段与一个基因相关联，新细胞的特性就可能产生巨大的变化。花粉或卵子DNA中发生的突变将传给新的世代，后代的性状也将与其亲代不同。

不过，突变既可以是麻烦，也可以是机遇。囊性纤维化和血友病是人类的疾病，是DNA突变的结果，但突变似乎也是少数人天生就对艾滋病毒具有抵抗力的原因。有些基因突变会导致植物发育迟缓，或者花的形成早于或晚于它们本应出现的时间，但也有另一些突变导致了花萼形似花瓣的花的形成，如兰花和番红花。突变对我们精明的祖先来说也很重要，他们借此来驯养野生动物，培育野生植物，寻求品种的改良。正因为原生于秘鲁安第斯山脉的野生西红柿发生了突变，才有了现在流行的许多水果品种；对一种墨西哥野生草本植物突变品种的选择让我们吃上了甜玉米；植物基因的突变也使我们花园的色彩不断地变得更加艳丽。人们在花园中欣赏和种植的许多花，都是偶然突变后人们再加以培育的结果。例如，野生玫瑰原本只有很少的花瓣，并不是我们今天在花店和花园中看到的那种花瓣繁茂的模样。

　　DNA 可以通过多种方式发生改变以产生突变基因。有些突变是在编码蛋白质的基因中碱基序列的变化，在另一些情况下，有些碱基对甚至整个基因都可能从 DNA 片段中丢失。还有些时候，DNA 片段可能会发生重复。基因重复对生物的危害和基因缺失一样大。但是，如果重复的 DNA 片段本身发生突变，并让生物出现新的性状，那么重复的基因也可能会为新的进化提供原料。还有一些突变是在一段可移动的 DNA 片段（即所谓的跳跃基因）插入到某个基因中间时发生的。控制其他基因开关的基因发生突变，特别有助于我们了解在植物和动物发育过程中发生的事。

　　基因分为两种——RNA 基因和蛋白基因，这两种基因的表达都需要先将 DNA 中的碱基序列复制到 RNA 片段中。在 RNA 基因中，RNA 是最终产物。RNA 分子可以帮助打开或关闭其他基因，或者调节其他基因的活性，或者作为酶或支架（scaffold）参与细胞活动。第二种基因会被复制到所谓的信使 RNA（messenger RNA）中，然后引导细胞制造特定的蛋白质，这些就是蛋白基因。

然而，编码蛋白质和 RNA 的基因，其实更多地还是以 DNA 片段为单位组成，而非简单的碱基对。有些基因由几个 DNA 片段组成，这些 DNA 片段被叫作内含子（intron）的非编码 DNA 片段分开，需要从复制出的 RNA 中剔除这些内含子，序列才能发挥作用。基因的这些非编码片段也包含了重要的信息，用于控制基因是否启动，并且可能不会被复制到 RNA 中。还有一些重要的片段除了定义和保护长 DNA 分子的末端之外，什么都不编码。最后，还有大量的 DNA，可能高达总数的 90% 到 95%，其功能目前尚不清楚。每一条 DNA 都是做什么用的——如果真有用的话，目前还有待探究。

蛋白质是一种折叠的分子，是由 20 种不同的化学物质单元组成的不同长度的链，这些化学物质单元叫作氨基酸（amino acid）。每种蛋白质都由特定数量的氨基酸按特有的顺序排列而成，长度在几十个到数千个氨基酸不等。

许多蛋白质是起催化剂作用的酶，用来使维持细胞功能所需的化学反应加速。其他的部分蛋白质会与 DNA 结合，成为调节基因的开关。还有一些蛋白质构成了生物体的结构，如根、茎和叶。而一类特殊的蛋白质，即组蛋白（histone），与 DNA 和基因活性密切相关，我们将在下一章中论及它们。一个生物的 DNA，即其基因组，包含了下达构建所有这些蛋白质的指令的基因。

也就是说，每个蛋白基因中的 DNA 都为特定蛋白质所需的特定氨基酸序列提供了指令。20 世纪 60 年代初，生物学面临的最大挑战就是弄清楚 DNA 的四种碱基是如何决定蛋白质中 20 种氨基酸的排序的。

一些科学家认为这是一个遗传学问题。他们的研究表明，三个 DNA 碱基就可以定义一个氨基酸，但他们不知道哪些碱基与哪个氨基酸相匹配。这项研究十分引人注目，因为它是由德高望重的科学家完成的，但当时还有一位不知名的年轻生物学家马歇尔·尼伦伯格（Marshall Nirenberg），他采用生物化学的方法进行研究，证明了信使 RNA 中的碱基三联体 UUU 是将苯丙氨酸（phenylalanine）插入蛋白质中的信号，震惊了学术界。这意味着，在基因 DNA 链的相同位置，也会有 TTT 序列。基因也被人们称作遗传密码（genetic code），而这是人们在无数的遗传密码中识别出的第一个碱基三联体①，也就是密码子（codon）。

这一惊喜被发表的方式也很有戏剧性。1961 年，国际生物化学大会在莫斯科举行。大会给了当时年仅 34 岁的尼伦伯格 10 分钟的演讲时间，而 10 分钟通常是留给日常汇报

---

① 信使 RNA 分子上的三个碱基能决定一个氨基酸。科学家把信使 RNA 链上决定一个氨基酸的相邻的三个碱基叫作三联体。

的时长。听他演讲的人很少，但这少数几个人立即讨论起了他的精彩报告。第二天，人们邀请他在一个挤满了人的大厅里再讲一遍。随后，这一发现立即被认为是生物学上的一大进步。后来，尼伦伯格及其团队确定了蛋白质中所有 20 个氨基酸的密码子。

遗传密码的运作方式是这样的。信使 RNA 中的每三个碱基都会指示细胞将 20 种氨基酸中的其中一种放入正在制造的蛋白质中。例如，UUUGUC 序列代表在一个不断增长的蛋白质链中，先插入苯丙氨酸（UUU），接着插入缬氨酸（GUC）。构成蛋白基因的 DNA 链也会在相应的区域包含一系列这样的三碱基密码子（在 DNA 中，碱基 T 取代了碱基 U）。

你可能已经注意到了，4 种碱基按每组 3 个的方式排列，共有 64 种组合，但只有 20 种氨基酸，因此你可能想知道其他 44 个密码子代表着什么。事实证明，许多氨基酸都与不止一个密码子相匹配。例如，苯丙氨酸与 UUC 和 UUU 相匹配。缬氨酸会匹配 4 个密码子：GUU、GUC、GUA 和 GUG。DNA 链及其 RNA 副本只包含 4 种碱基，链上也没有什么独特的化学物质来表示一个蛋白基因序列的开始或结束。所以，还有一些密码子会被用作标点。密码子 ATG 与甲硫氨酸相匹配，但在某些特殊语境下，也标志着 DNA 中蛋白质编码片段的开端（在 RNA 中是 AUG）。有 3 个密码子不匹配任何氨基酸，但标记了蛋白质编码片段的末端：TAG（UAG）、TGA（UGA）和 TAA（UAA）。由于蛋白质的长度从数千到数万个氨基酸不等，编码它们的基因长度也相应地有所不同。

蛋白基因的 DNA 若发生改变，就会导致信使 RNA 出现相应的变化，进而改变蛋白质中的氨基酸排列。例如，如果 TTTGCT 片段变为 TTTTAT，RNA 将变为 AAAAUA，而不是 AAACGA，氨基酸序列将变为赖氨酸-异亮氨酸，而不是赖氨酸-精氨酸。这种变化可能对蛋白质的功能没有影响，也可能会使蛋白质失去活性，或者改变蛋白质的工作方式。但是如果 TTTGCT 变为 TTTTAA，RNA 变成 UUUUAA，并且由于终止密码子 UAA 的存在，蛋白质在得到 UUU（苯丙氨酸）之后，制作就会中断，并且很可能根本不会有活性。这就是在细胞分裂前 DNA 在复制过程中可能发生的突变。

遗传密码在 20 世纪 60 年代初被确认，理论上，在获取 DNA 序列后，人们就能预测 RNA 基因表达出的 RNA 序列，或蛋白基因表达出的氨基酸序列了。理论上是这样没错，但实际上并不行。问题在于，当时的人们都还没找到很好的方法来确定 DNA 片段中的碱基序列，甚至还不能分离出纯净的 DNA 片段。直到十多年以后，DNA 片段测序才成为任何实验室都能完成的任务。有两项技术进步标志着这一重大进展。其一是从任一生物体的 DNA 长链中分离和纯化特定 DNA 片段的能力，这项技术被称为分子克隆（molecular cloning）。另一项是出现了直接确定一条纯化 DNA 片段中的碱基序列的快速有效的方法。20 世纪 70 年代中期，在我自己的实验室里，我和一位同事花了 18 个月才确定了一条有 172 对碱基的 DNA 片段中的碱基序列。就在测序结束时，一篇介绍新的测序技术的论文发表了。用这个新方法准备并确定 DNA 片段的序列，一共只用了 6 个星期。从那以后，DNA 的测序就变得快多了。

今天，包括许多植物在内的多种生物的 DNA 片段中数十亿个碱基的序列都已经被人类研究清楚，并储存在庞大的数据库中了，任何人都可以通过互联网随时访问这些数据。例如，DNA 数据库收录了稀有的开花植物无油樟的整个基因组，这种植物被认为与地球上最早的开花植物有关。方便而强大的搜索程序允许任何人在数据库中搜索某种生物的基因组，并搜索其中他感兴趣的基因序列。如果给定一个蛋白基因，计算机也可以通过一个简短的命令将碱基序列翻译成相应蛋白质中的氨基酸序列，并提供该蛋白质的功能和许多其他的相关信息。

拟南芥的每个细胞中都有大约 2.7 亿个碱基（A、G、C、T），它们分布在 5 对染色体（chromosome）上。染色体是生物特有的 DNA-蛋白质复合结构，拟南芥的每组染色体上都有 1.35 亿个碱基。相比之下，人类有 23 对染色体，每组染色体上共有 30 亿个碱基对。每个细胞中都会有完整的染色体组，就像一套多卷本百科全书，每本书都以基因的形式包含着不同的事实集合。在所有有性生殖的生物体内，总会有一组染色体来自母本，另一组来自父本。染色体携带两套信息看似冗余，这两套信息之间的差异也不大，就好像你同时拥有两套不同版本的多卷本百科全书。

尽管每个生物基因组的碱基总数或染色体总数有很大差异，但对拟南芥和人类基因数量的估计却非常接近，都在 23000 到 25000 个之间。人类基因组的碱基总数大约是拟南芥的 25 倍，这主要是由许多 DNA 片段（长度从一百到数千个碱基对不等）功能未知引起的，我们连它们到底有没有功能都不知道。而且这些碱基对在基因组中还不断地重复。其中一些重复片段串联成串，而另一些则散布在基因组中。

我们在第 3 章结束到第 6 章讲述成花素基因的故事之前插入了两章内容，这是第 1 章。几十年来，人们只知道成花素是一种神秘物质，可以启动开花的程序。人们花费了 60 年的努力也未能成功确定成花素的本质。但现在，我们已经知道，成花素是一种蛋白质，在叶子中被制造，并沿茎向上，爬升到开花植物的顶端分生组织。一到达顶芽，成花素就会启动一连串操作，开启一朵花的发育。像所有蛋白质一样，成花素也由一个基因编码，所以每当临近花开之时，人们的注意力就转向启动成花素基因的物质。

　　适时适地启动和关闭基因，是整个生物体及其个体器官（包括花）有序发育的关键。这一机制对花的形成非常重要，需要用一整章的篇幅来描述。

# 第5章

# 基因的开与关

DNA 及其包含的基因为植物提供了生长、开花、制造种子和果实所需的信息。所有这些行为都必须按正确的顺序，在适当的时间和地点发生。毕竟，植物在开花之前不可能结出果实，根上也不长叶子。这意味着植物的基因在时间和地点上都在进行选择性的表达。一套百科全书如果长久以来都被束之高阁或被人遗忘，就不会很有用，可如果所有书卷和书页都一直打开着，那么这些书同样没用。只有当读者有选择地查找某一特定主题时，百科全书才有用。DNA 和基因也是一样。种子开始发芽时需要表达一些基因，其他基因要等到幼苗接触光时才开始工作，比如指导绿色的色素——叶绿素形成的基因。还有其他一些基因，比如成花素基因，还要更晚，等到需要开花之时才会被使用，而此时另一组基因也会被激活，用来培育含有种子的果实，从而繁衍下一代。

决定何时打开百科全书以及打开哪一卷，对我们的大脑来说都是一项复杂的任务。那么，植物如何"知道"何时该关闭一个基因，打开另一个基因呢？开关如何操作？植物基因的开关能在适当的器官和正确的时间打开和关闭植物基因，而我们对这些开关了解些什么？首先，我们知道，基因的开关由 RNA 或蛋白质组成，这些 RNA 或蛋白质被编码在植物自身的基因组中。本书描述的许多基因都是开关基因。是什么开启了这些基因？可能是其他 RNA 开关和蛋白质开关。那么这一切开关的操作又是怎样开始的？

种子本身是干的。没有水，所有常规的细胞生理过程都会停止，但是在种子成熟时形成的 RNA 和蛋白质仍然存在。种子变得潮湿时，它们就准备好重新开始活动了。那些住在沙漠附近的人能亲眼见证这一点。春天的第一场大雨过后不久，沙漠里就会长满植物，开满花朵。如果我们从商店里购买干燥的种子种下去并浇上水，同样的事情也会发生。几天后，储存在种子中的蛋白质和 RNA 就会被激活，并开始工作，形成新的细胞，根和芽很快也会出现。从那时起，只要有一些水和营养物质，植物及其 DNA 就可以自谋生路。植物从其父母那里获得的 RNA 和蛋白质，是种子重建生命的开关。

不同种类的细胞，比如分别形成茎、根、叶和花的细胞，会开启不同的基因。此外，所有细胞都会启动一组共同的"基本要素"基因。所谓的"基本要素"，包括一些制造特殊蛋白质和 RNA 的基因，而这些蛋白质和 RNA 是制造更多 DNA、RNA 和蛋白质的必需品。其他基因会在细胞生命的不同时期被启动或关闭。这就像橱柜里的锅，并不是每顿饭都会用到所有的锅，有些锅甚至从来没有用过，但我们会留着它们以防万一，或许将来能派上用场。也就是说，每个细胞可以独立地发挥作用，完成许多生命活动。如果它接收到适当的化学信号，也能与其他细胞协调合作，完成生理功能。

在谈论基因开关的实际工作原理之前，我们有必要先了解一下DNA在细胞核内出现的方式。回想一下，DNA双螺旋一条链上的碱基序列和另一条链上的碱基序列互补，即碱基A和碱基T匹配，碱基G和碱基C匹配。在DNA的每个不同的片段中，通常只有两条链中的一条具有遗传"意义"——意思就是拥有密码子，可以被翻译成蛋白质，或构建成适当的RNA。最常见的情况是在一条DNA长链的某个区域内，一条单链有意义，另一条单链无意义。启动或关闭基因的开关也需要识别这些单链之间的差异。至于基因片段，一条DNA单链可以吸引蛋白质或RNA开关，另一条单链则不能。开关需要确保正确的那条DNA单链被复制到正确的RNA中，否则整个系统在开始之前就会崩溃。

有许多开关蛋白和RNA对花的形成有重要意义。在大多数情况下，它们都会识别出位于基因序列起始点之前的一段DNA碱基序列，并相互作用，从而在那里开始自己的工作。植物基因开关分子的一个典型的DNA识别序列是

CACGTG。植物激素脱落酸（abscisic acid）会与该碱基序列相互作用，进而影响相邻基因的活性。特定基因附近开关分子的存在与否，决定了该基因是开还是关。在许多情况下，在单个基因的附近可以有多个这样的识别位点，共同刺激或抑制这个基因的活性。这就意味着多个蛋白质、RNA或其他分子开关可以共同影响相邻的基因是开还是关，是处于完全爆发状态，还是处于活性的低谷。当然，也有些基因开关可以决定编码其他开关的基因在何时何地开启或关闭。不仅如此，还有一些开关分子甚至可以启动一个基因，同时关闭另一个基因！

开关分子——蛋白质、RNA 和激素——可以控制特定基因启动或关闭的时间和地点。但是，要使这些分子起到开关的作用，它们就需要先接触到 DNA，并找到它所控制的基因所在的区域。这就像你得先站在门前，钥匙对你来说才有用。

为什么接触到 DNA 会是一个问题？这个问题最近几年才被人提出来并得到解答。事实证明，DNA 有两个早已为人所知但以前令人费解的特性，与阻止或允许访问自身的信息有关。第一个令人费解的特征是，DNA 中有一些（非全部）碱基 C 上偶尔会附着一种叫作甲基（methyl group）的小化学基团。甲基（$-CH_3$）内有三个氢原子，附着在一个碳原子上。甲基是甲烷的近亲，甲烷有四个氢原子附着在一个碳原子上。甲基似乎不会干扰遗传密码的工作，也不会干扰碱基 C 与碱基 G 在双螺旋中的配对。然而，细胞中大多数化学物质的存在都是有原因的。这里的甲基到底有什么用呢？

研究表明，像碱基 C 上的甲基或其他一些偶尔出现在 DNA 上的小分子附属物，可以在不改变碱基序列的前提下，影响基因的活性。它们通过阻止开关分子接触基因或通过阻止 DNA 复制成 RNA 所需的机制来实现这一目标。它们通过其中一种或两种途径，使开关分子无法接触基因，有这种附着物的基因本身或其相邻的 DNA 碱基就是沉默的。

DNA 碱基上的甲基和其他标记被称为表观遗传标记（epigenetic marks）。"epi"前缀强调除了编码在 DNA 碱基序列中的典型遗传信息外，它们还提供别的信息。表观遗传标记由一种名为表观遗传写入因子（epigenetic writer）的特殊酶添加到 DNA 碱基上。不同细胞中的 DNA 可以有不同的表观遗传标记。添加了表观遗传标记的基因会被名为表观遗传识别因子（epigenetic reader）的蛋白质识别，这些蛋白质能识别修饰过的碱基，并阻止标记基因的激活。当基因被激活的时机和器官合适时，标记就会被另一种名为表观遗传擦除因子（epigenetic eraser）的特殊酶去除。（这些名称——表观遗传写入因子、表观遗传识别因子、表观遗传擦除因子——很形象，但并不意味着这些酶是这样工作的。）

获得（或失去）表观遗传标记的细胞，可以将有（无）该标记的信息传递给后代细胞，这就意味着，标记也是父母留给后代细胞的基因遗产的一部分，这就是表观遗传学中的"遗传"一词的真正意义。

关于接触 DNA 的第二个令人惊讶的难点，产生于对一类特殊蛋白质的深入了解。这类蛋白质名为组蛋白。组蛋白与 DNA 紧密结合，有两种功能：第一是构成细胞中 DNA 的结构；第二是帮助基因发挥功能。组蛋白在结构上的作用是帮助 DNA 融入细胞，在功能上的作用是参与基因开关的过程，决定基因的激活与沉默。

DNA 链比头发细得多，直径约为两纳米，但它们可以长达一米。细胞的直径通常是十微米左右。DNA 链在细胞内不会乱成一团，像一坨意大利面一样来储存所有的信息。进化通过将 DNA 链整齐地缠绕在蛋白质支架上解决了这一难题。这种缠绕分几个阶段进行，最终形成了紧凑的 DNA-蛋白质复合体，它可以很容易地进入细胞内。

在缠绕的第一阶段，DNA 链会将组蛋白簇环绕起来，每一圈用掉大约 150 个单位的碱基 A、T、G 和 C。组蛋白一共有 4 种，每种 2 个分子，一共 8 个组蛋白形成一簇，每一簇都会被 DNA 链环绕一圈。整条 DNA 链环绕着内含 8 个组蛋白的组蛋白簇，形成核小体（nucleosome）。

在每一圈之间是短小的间隔 DNA（spacer DNA）片段。间隔 DNA 的长度可变，可以与第五组组蛋白相关联。用高倍显微镜观察核小体，会发现它看起来有点像串起来的珠子。我们常常把蛋白质和 DNA 形成的复合结构称为染色质（chromatin）。组蛋白在一百多年前就已经被人们识别出来了，在植物和动物体内也存在结构非常相似的组蛋白分子。而直到最近，生物学家才刚刚发现，他们对组蛋白抱有的两种观点一直是错误的。

第一个误解是人们只识别出了五种不同的组蛋白，而在特定的时间和地点，还有多种组蛋白会与染色体相互作用，帮助确定某个基因在特定细胞或在植物生命中的某个特定时刻是启动还是关闭。变异的组蛋白分子与典型的组蛋白分子相比，氨基酸发生了微小的变化，并且由不同的组蛋白基因编码。这些不同的组蛋白决定着基因在特定细胞或植物生命中的特定时刻是否启动。有一种组蛋白能将 DNA 紧密地缠绕在"珠串"上，使其他任何蛋白质都不能接近 DNA，打开特定的基因。

第二个误解就是认为组蛋白只是供 DNA 缠绕的一个惰性支架。事实上，它们可以控制许多基因的准入，允许或阻止与启动基因相关的蛋白质关联。组蛋白链上氨基酸的动态修饰是调节邻近基因活性的主要因素。

虽然人们很晚才发现组蛋白在基因活动中的作用，但组蛋白的修饰在植物和动物中都是非常重要的。研究人员是如何了解这些微妙机制的呢？其实就像其他研究一样，来自对突变的分析。正常的组蛋白修饰是由酶制造的，当编码这些酶的基因发生突变时，问题就随之而来了。例如，在癌细胞中，就常常能见到和组蛋白修饰形成相关的基因突变。携带影响组蛋白修饰的突变基因的植物，在许多方面成了人们理解花朵形成的基础。

组蛋白的一些动态修饰，包括在组蛋白分子中的特定氨基酸上添加或去除甲基。携带甲基的氨基酸不同，决定着与该组蛋白相邻的基因是沉默还是启动。举例来说，决定植物何时开花的组蛋白被称为组蛋白 H3。赖氨酸在 H3 分子中多次出现。当位于氨基酸链第 4 位的赖氨酸被甲基修饰时，它周围区域中 DNA 链上的基因就会接触到开关蛋白，并且倾向于启动。但是，如果甲基修饰的是第 27 位上的赖氨酸，那么该基因将不会被开关蛋白或 RNA 启动。此处甲基基团对 H3 功能的不同影响，取决于它是出现在第 4 位的赖氨酸上还是第 27 位的赖氨酸上。许多基因都会受到这一因素的影响。

组蛋白氨基酸分子上还有其他几种附着的小型基团，比如磷酸基或乙酸基等。这些基团对邻近基因的活性也会产生各种影响。在某些情况下，乙酸基的作用与甲基正好相反。所有这些修饰都不会改变组蛋白中氨基酸的基本序列，因为这个序列是由组蛋白的基因决定的。然而，它们却可以导致组蛋白分子的构象发生细微的变化。当 DNA 缠绕在发生变化的组蛋白上时，伴随而来的 DNA 缠绕方式的变化可以使其或多或少地接触到负责开启或关闭基因的开关蛋白。现在，生物学家正在积极研究组蛋白修饰在影响基因功能中的作用。就像遗传密码本身一样，组蛋白修饰的效果在植物和动物中也是相似的。这表明组蛋白及其修饰在动物界和植物界分化之前，就已经出现在早期进化当中了。

我们对基因启动和关闭方式的了解越多，基因运作的故事就显得越复杂。DNA 和组蛋白上额外的化学基团带有的信息非常重要。我们在后文讨论组蛋白及其修饰如何影响花的形成时，还会更清楚地讲述这些修饰的作用。本书如果是在十年前写成的，那我很可能就不会提到组蛋白的其他信息了，我可能会说它就是染色体中 DNA 的纯结构性支架，没有其他功用。现在我们知道了，组蛋白也是植物和动物细胞活动的积极参与者。就像直接发生在 DNA 上的表观遗传学变化（详见前面关于表观遗传标记的讨论）一样，组蛋白修饰似乎也可以通过细胞分裂被子细胞继承。事实上，有些人认为，组蛋白修饰对基因活性的影响也应算入表观遗传学的范畴，而其他科学家则认为，"表观遗传学"应该仅仅研究 DNA 分子上的标记。就像很多关于基因具体定义的讨论一样，这种讨论并不影响我们真正了解的事实。

也许生物学家应该更早地认识到，隐藏在一些无法解释的现象背后的，是一个超越现有遗传密码的庞大信息系统。这种疏忽不但阻碍了科学的发展，也产生了非科学的后果。

十几年前，我加入了一家前景不错的初创公司董事会。几个投资者也看好这家公司，并向该公司投入了数百万美元。我的投资规模不大，我相信公司将深入挖掘并利用基因的潜力。但这家公司却倒闭了，我们都亏了本。倒闭的部分原因就是我们没能意识到 DNA 和组蛋白上这些小的化学标记的重要性。类似的失败也决定了其他初创生物科技公司的命运。我们最好能一直谨记，自己掌握的知识是不完整的。

我们现在知道，至少在某些情况下，DNA 和其所缠绕的组蛋白上的化学标记控制着开关蛋白能否进入基因。通常，某个特定区域的基因的开关蛋白就在该区域编码区的起始位置之前。开关蛋白所做的工作，就是让负责将 DNA 复制进RNA 的酶出入基因编码区。如同一栋房子有多扇门，第一把钥匙，即组蛋白上的修饰，打开了前门，第二把钥匙，即开关蛋白，打开了房间的门，这样，负责将 DNA 信息复制进 RNA 的酶就可以进入基因了。DNA 的遗传系统能够建立、传递、改变、存储和利用遗传信息，而组蛋白修饰和 DNA表观遗传标记等系统则负责调控这些信息的启动和表达。

基因调控的过程非常复杂，其中有多个网络相互作用、共同协作，但只要环境适宜，这一过程就能产生巨大的作用，指导生物有效地生长和繁殖。而这还只是我们从充满随机突变的、无方向性的进化过程中得到的结果。随机突变产生变异，而只有那些将变异变为生存优势，或者说，至少没有让变异妨碍到生存和繁殖的生物个体才能存活。花能定期开放就证明了基因调控的成功，也证明了自然选择的力量。经过了无数代的自然选择，随机突变中不利于生物生存的基因逐渐被剔除了。

这一章的中心观点是，在植物的生命历程中，单个细胞或细胞群不会将每一个基因都完全使用。复杂的调控网络决定了在各个细胞和组织中，哪些基因是活跃的，以及什么时候应该活跃。在植物的根和芽中，被激活的基因也是不一样的。如果一种植物正在生长，开花为时尚早，制造花朵所需的基因就会被关闭。细胞的行为取决于来自植物内部或来自环境的一系列信号。

# 开花的时间到了吗？

在第 3 章，我们谈到了互相协调的开花诱因——光、温度和成熟度。这些诱因控制着植物的开花。"开花"的指令会激活叶片中的成花素基因。第 4 章和第 5 章介绍了基因的性质，以及它们是如何在适当的时间和地点，在动植物体内启动或关闭的。现在，是时候回到花的形成过程了，这里的重点环节就是成花素基因的激活。

　　第 6 章将描述成熟度和激素在开花中的作用。成熟是必要的，但仅仅成熟还不足以保证开花。在一些植物中，成熟度仅仅意味着它们已经准备好感知和处理环境诱因了（如昼长和温度）。而在另一些植物中，成熟度却可以撇开环境诱因，独立地诱导开花。花的形成是由植物内部的信号指导启动的。后续章节还会描述植物学家已知的植物对环境信号的应对，这些信号对开花也很重要。到第 8 章末，一切就将准备就绪，一朵花就要形成了。

# 成长的绿色：走向成熟

现在回到成花素及其基因的话题。我们在第 3 章的末尾曾经介绍过成花素。这种蛋白质在叶子中被制造，然后沿着植物的茎向上到达顶芽，也就是分生组织。到达分生组织后，成花素就成了启动开花的信号。

如果植物太不成熟，不能繁殖，环境诱因就不太可能促成开花。基因和植物细胞内的各种生化反应都能确保植物只有成熟之后才能繁殖。人们很早就已经发现了其中的一些反应和基因，只不过发现时还不了解它们的重要性。这些反应和基因被合称为"自发性因素"（autonomous factors），因为它们独立于环境条件（如光和温度）之外，直接促进开花过程。从某种意义上说，这个名字也是对无知的一种承认。

现在我们已经知道了，这些"自发"基因中的一部分也参与了植物的成熟过程，而另一部分则要么是植物激素的合成基因，要么是影响成熟和开花的 RNA 基因。还有一些"自发"基因影响着其他基因的表达，它们构成了组蛋白修饰和染色质的结构。也许叫它们"内部"信号而不是"自发"信号更合适，这样就可以强调它们与外部环境信号（如光和温度）的不同了。

通常，一年生植物是否成熟到可以繁殖，能通过叶片来判断。叶片的大小、数量，甚至形状和纹理的变化都可以当成指示性因素。生物学家通常用一年生植物的叶片数量作为其成熟程度的可靠指标。人们推测，这是因为植物需要一定数量的叶片来提供制造花所需的能量和材料。

这并不是说有个神奇的数值可以适用于所有植物。拟南芥在长出十几片叶子之后就可以开花，但在暮春时分的花园里，5 英尺（1 英尺 ≈ 0.3 米）高的百合长出 25 片叶子之后都还不够成熟，仍然不能开出它们亮黄色的、散发浓香的花朵。当然，乔木在开花前就已经有了数不清的叶子，我们常见的白杨树需要 7 到 10 年的时间才能达到成熟。

即便都是一年生的植物，不同品种之间，从种子发芽到植株成熟的时间也会有所不同。拟南芥和玉米中的某些基因突变可以加速或减缓成熟的过程。这一简单的结论告诉我们，当这些基因处于正常状态时，它们和它们的蛋白质或 RNA 产物的功能，要么是帮助植物维持幼年状态，要么就是发出植物成熟的信号。这些基因的发现是很好的例子，可以说明拟南芥对于探索控制开花时间和花朵形成的机制是多么有用。

科学家才刚刚开始利用实验揭示植物成熟的过程。一种叫作海藻糖（trehalose）的糖会随着新植物的生长而开始在叶片和分生组织中聚集。也许是这些营养物质的积累促成了植物的成熟。还有其他现象在提示着科学家，由 RNA 基因编码的 RNA 小分子的出现，也许也是多年生植物成熟的一个标志。这类 RNA 可以控制与成熟相关的基因的活动。

例如，在拟南芥及其野生近缘植物中有两个特定的 RNA 基因，其活性会随着成熟程度而变化。第一种 RNA 基因生产的 RNA 似乎是让植物保持未成熟的必要条件，能抑制植物开花。这种 RNA 在植物中的含量，会随着植物叶片的生长而下降。第二种 RNA 基因产物的数量则呈相反的趋势，会随着植物的生长、叶子的增多和开花进程的临近而增加。最终的结果是，经过大约五个星期的生长，这些植物能够对环境条件做出反应，并做好了开花的准备。要想了解这些 RNA 是如何运作的，我们还需要更多的研究。

某些植物激素也会影响植物的成熟和开花的能力。这些化学信号中有一些是蛋白质，另一些是既非蛋白质也非 RNA 的小分子。激素可以分布在植物或动物的体内各处，而不局限于某一种细胞或组织。雌激素、睾酮和胰岛素是动物激素。在植物激素中，对开花起重要作用的是生长素（auxin）和赤霉素（gibberellin）这两种。这两种激素对植物的生长、结构、发育以及开花都有多重影响。

生长素的结构与色氨酸这种氨基酸的分子结构有关，植物可以以色氨酸为基础合成生长素。赤霉素分子就不一样了，它与一种叫作萜烯的分子有关。萜烯是某些植物独特气味的来源。这两种激素都能促进植物分生组织细胞中"多叶"基因和其他几个基因的活性，即使在没有环境诱因的情况下也是如此。赤霉素也可能间接作用于开花时间，因为它能提升一种被称为 PIF4 的蛋白质的数量，这种蛋白质接下来又能结合在成花素基因附近并激活它。这一点将在下一章中讲述。

如果赤霉素能刺激植物制造足够的"多叶"蛋白，那么植物即使在没有成花素的情况下也可以开花。这种情况在秋冬季开花的植物身上很常见，比如菊花。在春夏季白昼时间长时开花的植物中，开花的其他影响因素，如温度和光照等拥有更长的作用时间，因此赤霉素的作用不会很明显。

"多叶"基因不是唯一通过赤霉素在分生组织中启动的基因。这种激素还会启动对成花素做出响应的基因。但是，如果成花素基因和"多叶"基因都缺失或沉默，植物就会只长叶子，不开花。这种突变植物有助于实验，但不大可能在自然界存活，因为如果没有开花，它们就不能产生种子。

赤霉素也不一定要在植物内部制造才能起效。那些未成熟或由于突变停止了赤霉素合成的植物，如果从外部对其添加激素，也可以开花。这是苗圃和园丁用来诱导幼株开花的技巧之一。对园丁来说，购买赤霉素很容易，人们给赤霉素做广告、进行销售就是为了催熟植物。一克赤霉素兑十加仑（1加仑 ≈ 3.8 升）水的溶液，就能满足一个大花园的需求。

也有其他基因能独立于环境因素而影响开花。一年生植物会在几个月内从一粒种子长成成熟的植物，并开花结果。通常情况下，它们体内 FLOWERING LOCUS C（或称 FLOWERING C）蛋白的含量较低，这是一种能阻止提早开花的蛋白质。但是，某些一年生植物却能积累大量的 FLOWERING C 蛋白，它们体内用来调节 *FLOWERING C* 基因活性的基因发生了突变。

在这些突变植物当中，有一些会降低成花素基因的活性，甚至直接让其沉默。这些植物的突变基因（其中一些是 RNA 基因）的作用方式，可能类似于 RNA 基因在寒冷天气过去后降低 *FLOWERING C* 基因活性的方式。关于这一点，我们将在下一章中研究。其他突变涉及 *FLOWERING C* 基因染色质中组蛋白的修饰。总之，这些基因的正常作用应该是启动成花素的基因，促进成花素的形成，并向分生组织传送这种蛋白质。

看起来，我们已经把植物如何能够开花的故事给完整、简洁地讲完了。然而，人们仍然有很多需要了解的知识，还有许多新发现可以或多或少地改变我们讲故事的方式。还有一点要记住的是，大部分相关实验都是用拟南芥做的。可以肯定的是，其他植物虽然也依赖于相似的基因和生化反应，但它们的基因运作方式也可能非常独特。

多叶蛋白、成花素以及它们的基因的故事才刚刚开始。一旦植物成熟到能够开花的程度，环境因素（如温度和光照）就会连同大量的基因一起运作，以确保花的真正形成。

# 暖与寒：温度的影响

　　一旦植物成熟到可以开花，环境的影响就会控制接下来的开花过程。本章内容主要是关于温度对成花素基因活性的影响，后文再讨论光的影响。

　　虽然从植物对天气变暖的反应可以明显看出植物能够感知周围的温度，但科学家还不能清楚地解释植物是如何感知周围环境是在变暖还是变凉的。即使气温只比正常情况高出两度，也能刺激植物在预计开花期的前几天开花。这就是在温暖的春天，能有那么多树木和灌木一起开花的原因。气温的小幅上升，会促进成花素基因的表达，从而加速开花。这种对变暖的反应（降温时会产生相反的反应）在一年生和多年生植物身上都有表现。随着全球变暖，我们可以预言，植物的开花时间和过去相比，还会产生其他变化。

　　植物接收到的关于周围温度的信息，如何转化为我们所看到的反应？我们对此了解不多。一些观察显示，植物感知温度的方式可能与它们感知光的方式有关。这并不是一个牵强的想法，因为热能是红外辐射，也是光谱的一部分，虽然肉眼不可见。我们会在本章末再谈论这一点。

许多多年生植物对低温的反应甚至比对温暖环境的反应更加剧烈。这些植物不会开花，除非它们被暴露在寒冷环境中几个星期甚至几个月。不受冻，它们就不能产生成花素，也就不能开花，分生组织只会继续产生叶和茎。也有一些一年生植物开花前需要低温，冬小麦就是如此。人们在秋天种植冬小麦，此后冬小麦会一直处于休眠状态，直到寒冷、漫长的冬季结束。

多年生植物能产生一种蛋白质，从而关闭成花素基因。这种蛋白质就是 FLOWERING LOCUS C，或称 FLOWERING C（它的基因叫 *FLOWERING C* 基因，也被称为开花抑制基因 *FLC*），我们在前一章中简要叙述过。只要 FLOWERING C 蛋白存在，植物就不产生成花素。*FLOWERING C* 基因本身由另一种叫作 FRIGIDA 的蛋白质控制，FRIGIDA 蛋白能改变 *FLOWERING C* 基因周围的染色质组蛋白，从而打开该基因。FRIGIDA 蛋白还能确保 *FLOWERING C* 基因被复制到信使 RNA 中，然后信使 RNA 再指导形成 FLOWERING C 蛋白。一旦 FLOWERING C 蛋白出现，植物就不能产生成花素，就不能开花了。这一系列事件表明，控制植物和动物体内大部分活动的基因就像一条锁链，*FRIGIDA* 基因的启动导致 FRIGIDA 蛋白的产生，从而确保 *FLOWERING C* 基因处于启动状态，并产生 FLOWERING C 蛋白，进而确保成花素基因沉默。当 *FRIGIDA* 基因启动时，*FLOWERING C* 基因打开，成花素基因关闭。但到底是什么启动了 *FRIGIDA* 基因，还有待探究。

植物如何绕过这种控制并打开成花素基因呢？答案是关闭 *FLOWERING C* 基因，消耗掉累积的 FLOWERING C 蛋白。有几种方法可以做到这一点。有些从种子发育而来的植物，*FRIGIDA* 基因或 *FLOWERING C* 基因中有突变，这两种基因沉默，植物就很快会开花。在其他植物，特别是多年生植物中，当 *FLOWERING C* 基因在数周的寒冷天气中沉默后，接下来植物的 FLOWERING C 蛋白就肯定会缺席。紫丁香花就是一个很好的例子。

通常，如果植物缺少有效的 *FRIGIDA* 基因，就不会产生大量的 FLOWERING C 蛋白。但也有一些携带突变或缺失 *FRIGIDA* 基因的植物仍能产生大量 FLOWERING C 蛋白，这就使得它们不会很早开花。这些植物含有调节 *FLOWERING C* 基因功能的基因，而这些基因的功能并不依赖于 *FRIGIDA* 基因。由这些基因控制的过程与植物内部的刺激有关，这些刺激也不一定受环境诱因的影响。

从地下的鳞茎生长而来的植物和花朵，也依赖于温度的升高。升温是它们给茎和叶发信号的时机——是时候从黑暗中走出来了。在这种情况下，一种抑制生长的植物激素——

脱落酸（abscisic acid），会从秋季就开始累积。经过一段真正寒冷的时期，这种激素分解，而另一种激素——赤霉素（前一章中提到过）增多，刺激植物开花。

　　几年前，我的一个朋友从马萨诸塞州搬到了洛杉矶。她不愿意丢下心爱的紫丁香花，但也知道紫丁香在开花前需要经历一段寒冷期，最终她还是决定把紫丁香花带到洛杉矶的花园里种下。冬天的洛杉矶阳光明媚，天气温暖，她连续几个月每天早上都会把冰块放在紫丁香树丛的周围。春天，她得到了回报，紫丁香开花了。开得不多，但足够了。有很多像紫丁香这样的多年生植物只有经历过寒冷的天气，到春天才能开花。这种适应可以防止它们犯下在天气温暖到花能存活之前就开花的错误。

　　这很可能就是我那个朋友在移栽植物之后用冰块冷却土壤的原因，她要让 FLOWERING C 基因沉默（或关闭）。她这样做也可能会降低 FRIGIDA 基因的活性，因为 FRIGIDA 蛋白会开启 FLOWERING C 基因。关闭 FRIGIDA 基因需要长时间的极度寒冷，直到那时，才能关闭 FLOWERING C 基因，打开成花素基因。

　　不是所有的植物都像我朋友的紫丁香那样。许多不需要经历寒冷期就开花的一年生植物就不能形成 FRIGIDA 蛋白，因为它们的 FRIGIDA 基因要么突变，要么缺失。例如，在一年生和多年生的拟南芥中，多年生的品种具有完整的

*FRIGIDA* 基因，需要经历几个月的寒冷天气才能开花，而一年生的品种已经失去了制造 FRIGIDA 蛋白的能力，开花前不需要寒冷天气。植物一旦成熟并产生足够的成花素，就没有什么能阻止它开花了。

经过长时间的寒冷后，*FLOWERING C* 基因会沉默。它的信使 RNA 残余很少或没有残留，蛋白质也消失了。寒冷如何让 *FLOWERING C* 基因逃离了 FRIGIDA 蛋白的控制？答案涉及组蛋白的变化。*FLOWERING C* 基因的 DNA 围绕着这些组蛋白。特殊的组蛋白修饰会吸引 FRIGIDA 蛋白及其伙伴到靠近 *FLOWERING C* 基因的 DNA 上，并激活该基因。我们已经在第 5 章中描述了一些允许基因启动或关闭的染色质标记。在漫长的寒冷期里，当 *FLOWERING C* 基因被缓慢地关闭时，表观遗传擦除因子会逐渐去除这些标记，而表观遗传写入因子则会在组蛋白上的不同位置放置新的标记。甲基修饰位置的变化使得 FRIGIDA 蛋白很难再接近 *FLOWERING C* 基因，并使其保持启动状态。FLOWERING C 蛋白水平下降，使得成花素基因得以启动。其他几个基因的活性也会发生变化，其中一个被称为 *SOC1* 基因，我们将在下一章中描述它。这些变化的最终结果是：当环境再次升温时，植物就可以开花了，而且光线条件和植物的内部信号都已经被调整到了适宜的状态。

这个故事中有两个地方特别值得注意：

第一, 植物学家把整个复杂的过程都努力厘清了。一般来说, 这个过程的关键在于观察没有开花的突变植物体内偶然发生的突变。具体来说, 就是能够影响组蛋白修饰的表观遗传写入因子和表观遗传擦除因子的基因突变, 这些突变是不常见的。

第二, 进化赋予了开花植物良好的控制能力, 让它们不会在过于寒冷的时间开花。温度太低可能会破坏芽和花的结构。但是, 进化出这种能力也并非一蹴而就。为什么生物要进化出组蛋白? 为什么不进化出一种直接调控基因活动的方法呢? 从某种意义上说, 间接的路径正是进化的标志。生物的进化并没有蓝图, 不同种类的突变偶然产生了新的基因和新的能力, 如果这些新能力能帮助植物在特定的环境中比非突变的亲本产生更多的后代, 那么这些新的能力就会成为常态, 非突变的同类在生存竞争中就会失去优势。但如果新的突变不能提高植物的繁殖成功率, 那么突变植物就不太可能存活下来。

一旦认识到控制 FLOWERING C 基因是成功开花的关键, 从而也是成功繁殖的关键, 有关这一过程的新问题就出现了。许多科学发现都是如此, 新发现都会带来新问题。为什么长时间的寒冷会开启擦除因子和写入因子? 而这些因子能改变 FLOWERING C 基因附近核小体上的组蛋白标记, 并将其关闭。问题的答案令人吃惊。

一些基因的 DNA，即蛋白基因，会被复制到一类
RNA，即信使 RNA 中，而信使 RNA 包含了蛋白质的遗传
密码。许多其他基因，如 RNA 基因，则直接编码了 RNA，
这些 RNA 在细胞中独立发挥作用，不起编码蛋白质的作用。
*FLOWERING C* 基因除了能制造 FLOWERING C 蛋白所
需的信使 RNA 外，还编码了几个 RNA。

其中一种 RNA 被称为 COLDAIR（意为"冷空气"），
因为它似乎是在对寒冷的反应中表达的。COLDAIR RNA
是不编码蛋白质的，它复制了一部分 *FLOWERING C* 基
因。这些片段是中断蛋白质编码区域，而且会从信使 RNA
中被移除的内含子。COLDAIR RNA 附着在 *FLOWERING
C* 基因附近的染色质上，在那里，它吸引表观遗传擦除因子
和表观遗传写入因子酶，这些酶改变了组蛋白的修饰基团。
但它的实际工作原理仍有待研究。这些酶是如何找到染色质
的 *FLOWERING C* 基因区域的？它们用什么样的地图或信
号在 DNA 上数十亿个单元中找到了单个基因？一旦到了那
里，它们又如何区分一个组蛋白和另一个组蛋白呢？在第 5
章中，我解释了组蛋白 H3 上特定的甲基分布对于开花的影
响，那么这些酶如何将 H3 与核小体中的其他组蛋白区分开
来？COLDAIR 是否有助于引导它们？而且，它们在发现
H3 后，如何找到需要失去或获得甲基的特定氨基酸，从而
关闭 *FLOWERING C* 基因，产生成花素？

答案之一是表观遗传擦除因子和表观遗传写入因子酶从不单独出现。像许多其他蛋白质一样，它们要与其他蛋白质结合才能发挥作用。其中一些蛋白质可能有助于表观遗传写入因子和表观遗传擦除因子实现功能，另一些可能会抑制这些酶。这个过程有点像汽车装配线。这条线可能已经准备好工作了，但它还需要零件，例如轮胎、垫衬物和发动机，缺少任一部件都不能制造汽车。所以，这个过程才需要一组酶、其他蛋白质和 RNA 参与，以确保一个基因在正确的时间启动或关闭。如果任何一个参与者发生突变或丢失，目标基因就不能被激活。在一家汽车制造厂，那将是一场灾难。但到了植物学家的实验室里，这会成为了解突变基因原本功能的重要线索。

从 *FLOWERING C* 基因复制出的第二个非信使 RNA 被称为 COOLAIR（意为"冷空气"）。COOLAIR 实际上是从 *FLOWERING C* 基因 DNA 的无意义链（不编码蛋白质的互补链）上分离出来的一组 RNA。这个 RNA 不是信使 RNA，也不是编码蛋白质的 RNA。但是，由于它们的序列可以通过碱基配对与基因相互作用，COOLAIR RNA 可以影响信使 RNA 的产生。这种相互作用让一条 DNA 链和一条 RNA 链形成了双螺旋。随着天气寒冷时间的延长，COOLAIR RNA 含量增加，FLOWERING C 的信使 RNA 含量减少，从而导致 FLOWERING C 蛋白的含量减少。RNA

的名字 COOLAIR 也暗示了它的功能。目前，人们还不清楚什么原因能导致 COOLAIR RNA 在寒冷的天气中含量增加。

随着寒冷天气的持续，COLDAIR 和 COOLAIR RNA以及其他控制基因活性的分子逐渐降低了 *FLOWERING C* 基因的活性，使该基因对 FRIGIDA 蛋白的激活没有反应。植物制造的 FLOWERING C 信使 RNA 和蛋白质越来越少，直到经过几个星期的寒冷之后不复存在。减少 *FLOWERING C* 基因本身并不能使植物开花，它只能使植物产生成花素和 SOC1 蛋白，这两种蛋白质都有助于开花。

当细胞分裂产生新的细胞以生长叶和茎时，染色质上关闭 *FLOWERING C* 基因的表观遗传变化就会被保存下来。新复制出的 DNA 保留了表观遗传标记，而 *FLOWERING C* 基因在许多造花需要的细胞世代中保持不活跃状态。然而，随着开花的进行和新种子的形成，*FLOWERING C* 基因在种子内部微小的植物胚中又被重新激活。是什么让 *FLOWERING C* 基因又回到了新一代植物中？这个问题的答案又涉及基因附近组蛋白修饰的变化。

冬天的天气对开花的影响有一个专门的名字——春化现象（vernalization，源自拉丁语中的"春天"）。这个词背后的历史很有趣。它是名声扫地的园艺家特罗菲姆·李森科（Trofim Lysenko）使用的一个俄语单词的翻译。他把自己种植小麦的想法兜售给苏联政府，政府采纳后，还将李森科提拔到苏联科学界的至高地位。李森科推广了冷冻小麦幼苗的好主意，以便它们能在早春及时生长和开花。但他也坚持认为，这种寒冷的影响将遗传到下一代。这是一个巨大的错误，因为寒冷的影响在新种子中消失了。结果，苏联发生了饥荒。

温度影响开花的方式与 *FLOWERING C* 基因对寒冷的复杂反应方式完全不同。生物可以通过进化出新基因的方式，来增加其复杂性和适应性。通常，进化从 DNA 上现有基因的异常复制开始，然后在复制出的两个（或更多）副本中进行独立的进化，由此产生的新基因在细胞中的作用有可能和以前的基因相关，但又不完全相同。拟南芥中的 *FLOWERING C* 基因显然就发生了这样的变化。拟南芥有几个相关的基因，其中一个被称为 *M*，如果 *M* 基因的活性丧失，花的形成过程就失去了对温度的敏感性。*M* 基因会根据气温高低产生不同的信使 RNA 和蛋白质。在每一个温度范围内，从该基因复制出的 RNA 都会从复制初始的位置移除掉一个不同的内含子。M 蛋白的冷形态会使其他开花基因关闭，而暖形态则不会。

然而，我们还是不知道植物一开始是如何感觉到周围环境是暖是冷的。一些观察也许能提供线索。随着外部温度的升高，一年生植物中的成花素含量也会上升。一种名为 PIF4 的调节性蛋白质的含量也是如此，这种蛋白质可以直接结合在成花素基因的起始位置。不断增加的成花素含量带动了 PIF4 在成花素基因起始位置的含量的增加。也许 PIF4 的作用就是提高成花素基因的活性。PIF4 是从哪里来的，它如何知道温度正在升高？除了与成花素基因的启动相关外，PIF4 还可以与光敏色素（phytochrome）结合。光敏色素是一组对红光和红外光敏感的色素，因此对温度也很敏感。当它们感觉到红外能量的变化时，对热敏感的光敏色素分子就会在形态上发生细微的变化。正是这种由温度变化引起的形状变化，使光敏色素与 PIF4 产生了联系。而对热敏感的色素分子和调节性蛋白质之间的这种联系很可能就是当温暖的春天到来时，植物体内发生一连串分子活动的原因——这些活动都有助于花的形成。

# 明与暗：光的影响

　　植物开花时间上的部分差异是由温度的变化引起的，但在一年中，日照时长和黑暗时长的变化也起到了主要作用。光暗循环的影响并不局限于植物，部分哺乳动物的繁殖期也与白昼的长短有关。对植物这一现象的科学研究可以追溯到大约 100 年前。

　　关于光对植物的影响，我最喜欢的故事可以追溯到 20 世纪 20 年代对玉米起源的研究。植物学家对鉴定古代人种植和培育可供食用的野生植物很感兴趣。他们发现，同一种野生甘蓝是现代西兰花、卷心菜、抱子甘蓝、羽衣甘蓝和花椰菜的祖先。虽然这些蔬菜看起来非常不同，但它们都属于同一个品种——甘蓝（*Brassica oleracea*）。人们在研究拟南芥时，发现过一株没开花的拟南芥突变株反而长出了花椰菜状的结构，于是就利用它研究发现了至少一种使花椰菜与其祖先甘蓝长相如此不同的基因突变。显然，植物的外部特征对鉴定它们的野生祖先没有多大帮助。

那么，哪种野生植物是玉米的祖先呢？玉米就像南瓜、西红柿和土豆一样，是西班牙和葡萄牙的探险家在西半球航行时发现的一种植物。当时玉米的祖先很可能是美洲本土的一种植物。最有可能的候选者是在中美洲发现的一种类蜀黍（teosinte）。对这种可能性的严肃研究始于20世纪20年代，但很快就遇到了障碍。如果类蜀黍和玉米是同一物种，就应该能杂交。这是我们对同一物种的定义。但是植物学家在利用玉米和类蜀黍杂交时却失败了。事实上，由于这两种植物的开花时间不同，这个想法并不能得到真正的验证。当类蜀黍产生花粉时，玉米并没有可供授粉的花，反之亦然。为了开花，类蜀黍需要类似赤道附近那样短的夏季白昼，而生活在北美的玉米需要在高纬度地区更长的白昼中才能开花。

后来，科学家解决了开花时间不同的问题。他们通过控制温室中的白昼时长使两种植物能同时开花。这样做以后，玉米和类蜀黍确实像同一物种那样杂交成功了。但尽管有这些证据，许多科学家仍然坚持着他们自己关于玉米起源的错误理论。最后，大约到1980年，经过了50多年的研究和激烈争论，植物学家最终确信，阿兹特克人[1]是正确的。在阿兹特克语中，类蜀黍一词实际上就是指"上帝的玉米"。

像玉米和类蜀黍一样，大多数植物对光照时长都有明显

---

① 北美洲南部墨西哥人数最多的一支印第安人。

的反应。苗圃工作人员和植物学家口中常有"短日照"和"长日照"植物的说法。它们的区别取决于成花素何时出现。成花素是造花之路尽头的终极宝藏。影响这条路的因素有很多：温度、光、激素和其他内在的植物生理过程。在温度控制方面，FLOWERING C 蛋白扮演着中心的角色。但它却是一个反面角色。*FLOWERING C* 基因需要被关闭，然后才能开始生产成花素。相反，光的影响依赖于正面角色——一种叫作 CONSTANS 的蛋白质。CONSTANS 蛋白是光影响开花的关键因素，它能直接促进成花素基因的活性，只要该基因不再受 FLOWERING C 蛋白的控制。

第 7 章介绍过一种名为光敏色素的植物色素，它对红光和红外光有反应。在植物中，还有一种名叫隐花色素（cryptochrome）的色素，则对蓝光有反应。这些物质一起发挥作用，植物就能够感知不同颜色的光，从而感受到不同的能量。光能使色素的蛋白质发生微妙的变化。这些变化能向其他相互作用的蛋白质分子发出信号，启动对植物生长和开花有重要影响的反应。每条信号通路及随后的反应，都依赖于一组基因以及它们指定的 RNA 和蛋白质。

昼夜循环是开花的关键。有些植物在秋天开花，如菊花和紫海葱，那时白昼变短，夜晚变长。有些植物，如矮牵牛和凤仙花，在春末或夏季开花，那时白昼可长达 16 小时，具体的白昼时长取决于纬度。在我的花园里，有一种茶花在早春开出红花，而另一种则在 10 月开出粉红色的花。

拟南芥的部分变种在白昼短的时候开花，其他的则在白昼长的时候开花。这一特征反映了特定基因是否存在突变。这一切都归结于植物感知光的方式，以及黑暗和光照的不同时长如何影响成花素活动和其他对花的形成很重要的基因。

光照影响开花时间的方式，依赖于植物 DNA 中几个看似不相关的基因。这些基因为构成昼夜节律钟（circadian clock）的蛋白质编码。昼夜节律钟影响生物行为的昼夜节律，其中最明显的是睡眠—觉醒的周期循环。据我们所知，所有动植物都有这样的内部时钟。这些时钟在进化早期就存在，并大致适应了地球的 24 小时昼—夜、亮—暗的循环。早在绿色植物出现在地球上之前，真菌中就存在着昼夜节律钟的基因。人类也有昼夜节律钟。如果你坐过很长时间的飞机穿越很多时区，你就知道生物钟对你有多大的影响了。那就是人类的昼夜节律钟在运作的结果。无论是植物还是动物，其昼夜节律钟运作的方式都能写一本书。最重要的是，许多基因的开关都是与昼夜节律钟保持一致的，其中也包括开花基因。

许多植物学家研究的植物拟南芥喜欢在白昼很长的时候开花。拟南芥开花是在夏至前后，此时白昼可长达 16 小时。昼夜节律钟中的几个基因都对光照有反应，并会在白昼时间长时引导成花素的产生。其中一些基因制造光敏色素和隐花色素，它们能感知特定波长的光。一旦有光被感知，一系列基因就会被激活，反应中每一个被激活的基因都会确保路径中的下一个基因被激活。在这个反应链条的末端是一种叫作 *CONSTANS* 的基因。这条反应链条中，有的基因可以阻止 *CONSTANS* 基因运作，就像 FLOWERING C 蛋白阻止成花素基因启动一样，而其他基因允许 *CONSTANS* 基因启动。从部分基因中产生的蛋白质，对 CONSTANS 蛋白在白昼时间长时保持稳定是很重要的。这样，特定的光敏色素和隐花色素产生的信号也就参与了 CONSTANS 蛋白的积累。一旦被制造出来，CONSTANS 蛋白就会与成花素基因的控制区结合，并激活成花素基因，前提是要让 FLOWERING C 蛋白保持沉默。

　　*CONSTANS* 基因的开闭分别被几种蛋白质控制，这些蛋白质的产生和降解与昼夜节律钟和环境的昼夜周期同步。控制 *CONSTANS* 基因活性的几种蛋白质的数量也直接受植物所接收到的光照量（也就是昼夜长短）的影响。正因为如此，CONSTANS 蛋白的活性在白昼时间长和白昼时间短时就会有所不同。在白昼时间长的时候，*CONSTANS* 基因的信使 RNA 和蛋白质从中午开始积累，到黄昏时达到最大值，然后开始急剧下降。然而到那时，细胞中的成花素含量已经大大增加，因此植物就可以开花了（假设此过程中未开启 *FLOWERING C* 基因）。随着漫长的白昼结束，夜幕降临，

CONSTANS 蛋白被降解，并被来自另一种光敏色素的信号压制，虽然 *CONSTANS* 基因的信使 RNA 含量仍然很高，但 CONSTANS 蛋白却一直保持在低水平，直到夜晚过去。CONSTANS 蛋白在夜里的含量很低，因此，成花素基因的活性开始下降。当黎明再次来临时，循环又开始了。

当白昼变短，确保 CONSTANS 蛋白生产所需的基因启动的时候天已经黑了，因此只有少量的 CONSTANS 蛋白被积累下来。还有其他一些机制也助长了成花素的缺失。不过，也并不是所有的植物都不能在白昼短的季节里开花。人们对在白昼短的季节诱导开花的机制的研究还不充分，但有迹象表明，赤霉素也许能促进植物在这个季节开花。

*CONSTANS* 基因似乎在植物进化的早期就已经存在了，甚至在所有陆地植物的祖先——单细胞藻类中也有类似的基因。藻类中 *CONSTANS* 基因的激活也依赖于生物钟的运作。

我们已经研究了成熟的内在信号，以及对温暖和光照的感知是如何影响基因开闭的方式的。这条基因运作链条的重点就是成花素基因的启动。在不同的植物中，或在不同的环境条件下，占主导地位的内部或外部环境诱因可能不同。所有这些复杂反应的结果就是 FLOWERING C 蛋白被削弱或消失，成花素基因被启动，成花素蛋白质通过茎传递到分生组织。接下来，我们的故事就该谈到顶端分生组织了。

# 花朵是如何形成的?

成熟度、温度和光照共同影响了植物何时开花。在大多数植物中，成花素的产生标志着开花时间的到来。然而，在进化过程中，一些植物在没有成花素的情况下，也发展出了开花结果的能力。还有些植物通过广泛地生根产生新的植株。能与特定的环境成功地进行相互作用的新植物能够存活，这就是自然选择的过程。自然选择是进化的关键机制，随着时间的推移，它会导致生物对特定环境出现复杂和多样的适应性——不同生物针对生存问题有不同的解决办法。在这种情况下，结果就产生了那些在没有成花素的情况下也能开花的植物，以及那些根本不开花，但在适宜的环境中仍然能够繁衍后代的植物。

　　无论开花过程的启动是否依赖于成花素或其他信号，这个过程都会导致顶芽或者分生组织的结构和化学反应发生变化。这些变化将引发一系列事件。这一系列的反应中存在多种特定基因的开闭，并最终形成了一种神奇的对环境适应的结果——花。这对植物来说是一项艰巨而关键的任务。

在第 9 章中，我们会将目光转至花朵的形成。分生组织成了产生复杂结构的建筑场地。由于花有如此不同的形状，分生组织内的活动也可能会因植物种类的不同而有很大的不同。第 9 章中的描述必然是概括性的。结构最简单的花由一圈绿色的花萼组成，外层围绕着一圈简单的花瓣，圈内有雄蕊和心皮。野玫瑰就是这种花的例子。但是我们看到和欣赏的许多花，可能大部分都不是这样的。基因突变提供了野生花卉和人工栽培花卉中的大部分变异体。

除了种类繁多的形状外，个别花的器官在不同的花中还有不同的形状，有时甚至在同一朵花中都有不同的形状。在一些花中，雄蕊和心皮可能会融合成单一的结构。花的外观可能也会有欺骗性。我们会在第 10 章中描述那些从复杂的成花过程中学到的知识，这些复杂的过程使具有特殊形状的花（如金鱼草和雏菊）得以形成。

# 四个乐章的交响曲：形成花的器官

一株植物准备开花时，会发生什么? 对植物来说，长出更长的茎和更多的叶子是一回事，开始制造花朵可就是另一项完全不同的任务了。然而，这两个不同的任务却发生在同一个地方——分生组织。那么，分生组织如何使叶子变成花呢?

肉眼看起来，分生组织就像一个很小的点。但显微镜可以揭示其独特的形态。分生组织大致呈圆形，结构包含几层细胞，根据植物的不同，中心细胞比外围细胞要厚一些。这种结构使分生组织看起来像一个圆屋顶。

位于分生组织中心的细胞堆是干细胞，这些细胞能够改变它们的自身程序，成为制造花朵的各种细胞。一种叫作WUS的蛋白质会在分生组织较低层的细胞中产生。WUS蛋白的工作是确保其上面几层中的干细胞保持良好的状态。就像本章中提到的几乎所有基因和蛋白质一样，WUS蛋白也通过开关手段来调节其他基因的活性。

植物分生组织的干细胞可以分裂，产生两个子细胞：其中一个子细胞会成为另一个干细胞；还有一个子细胞会被重新编程，用于制造花。首先，分生组织中这样的细胞可能很少，但它们会分裂许多次，并且把重新编程的子细胞由分生组织的中心推到外围。在外围，它们会形成同心的圆形，围绕着中心的干细胞。在显微镜下，此时的分生组织看起来有点像一顶宽边的帽子。边缘的细胞都是被重新编程以产生花朵的细胞。这些细胞的一个显著标志是，它们含有生长素和赤霉素两种植物激素，这些激素在整个过程中都很重要，有助于确保它们能发育成花。还有一种叫作 *APETALA1* 的基因在这些细胞中也是活跃的，虽然活性不高。

一些围绕着分生组织中心的细胞能产生特别高水平的生长素。这些细胞的生长和繁殖就会比与它们相邻的细胞更快，并在几个同心圆环的内部形成细胞层。每个细胞在特定同心圆中的位置和所在的特定层就好像它们的地址，每个细胞都有一个地址。每个细胞的地址与其特定基因的活动相关联，因此不同地址的细胞将来会被专门用于构造花的不同部分。

不管植物是在白昼长时还是白昼短时开花，是在春季还是秋季开花，是一年生还是多年生，控制开花的信号通常都是一样的——一种叫作成花素的蛋白质。有时，如果周围有足够的赤霉素，植物也可以在没有成花素的情况下开花。但一般情况下，成花素在启动开花时都起到了核心作用。

当然，一个信号本身并不意味着什么。得有东西识别并做出反应，信号才有意义。在准备形成花的分生组织细胞中，这个"东西"是两种额外的蛋白质。当成花素出现时，这三种蛋白质结合在一起，形成了蛋白质复合体。三种蛋白质之间的伙伴关系就像一把钥匙。这把钥匙所做的是打开另一组基因，这些基因本身也是对其他特定基因进行操作的开关。这类反应链是植物和动物中许多发育过程的启动方式。编码蛋白质开关的不同基因，依次被链中的一个或多个之前的基因所产生的蛋白质激活。最后，真正执行任务的少数几个基因被激活。*SOC1* 基因就是最终产物的一种，它像赤霉素激素一样，帮助开启多叶基因。此外，还有其他基因和蛋白质也会影响到多叶基因的活性。因此，确保一朵花构造的基因有很多，其中有一些还有其他额外的作用。如果你是一种开花植物，花的形成真的很重要，没有花就不会有后代。因此，进化会采用多种方法来完成这项工作。

多叶基因和 *SOC1* 基因的形成是促进开花的各种环境和内部信号整合的结果。SOC1 蛋白的活性也倾向于增强多叶基因的活性。多叶蛋白有什么用？它能协调一整组基因的活动，而这些基因的产物对真正的造花过程很重要。从某种意义上说，是多叶蛋白让这一切得以发生。

由多叶蛋白启动的基因之一是 *APETALA1*。如果它发生突变或缺失，花就不会形成花瓣。多叶蛋白和 APETALA1

蛋白关闭了阻止花形成的基因，并启动了制造花所需的基因。除了前几章中描述的控制花形成的所有其他因素外，即使在这一阶段，确实还存在另一些阻碍花形成的基因。其中有一种基因能阻止包括拟南芥在内的多种植物开花（如金鱼草和黑麦草）。这种基因（TFL1，即 *terminal flower1*，开花抑制因子）对多叶蛋白和 APETALA1 蛋白有拮抗①作用，如果要使分生组织成为一个生产花的场所，就必须关闭该基因。但是多叶蛋白和 APETALA1 蛋白有它们自己的诀窍。它们会与 DNA 上接近基因末端的区域结合，这样就能关闭 *TFL1* 基因了。一旦多叶蛋白和 APETALA1 蛋白掌握了控制权，造花过程就真的启动了，分生组织周围的细胞也将开始迅速繁殖。

分生组织启动后，在我们的眼中看起来不会有太大的不同，但这些变化可以用高倍显微镜来观察。围绕分生组织外围的同心圆中形成的次生突起是细胞持续分裂的结果。细胞以不同的速率繁殖。细胞分裂的方向也是不一样的，有横向的、纵向的，也有垂直的。当新的细胞加入四个同心轮中的某一个时，它们就会开始获得不同的形状。

四轮中的每一轮会形成花的四个器官中的一个。花萼是由细胞的最外层形成的。从外向中心数的下一轮将产生花瓣，

---

① 拮抗是一种物质（或过程）被另一种物质（或过程）所阻抑的现象。

第三轮是产生雄蕊的地方，而第四轮，即最内层，将形成雌性器官，即心皮或雌蕊，在那里可以形成卵子。以较慢速率分裂的细胞能确定四轮之间的边界，而细胞分裂的速率取决于其他基因的作用。一种叫作 *SUPERMAN*（超人）的基因在第三轮和第四轮之间，即在制造雄蕊和制造心皮的细胞层之间启动。在 SUPERMAN 蛋白存在的情况下，细胞生长会较慢，并维持住边界。另一种类似的蛋白质叫作 RABBIT EARS（兔耳），在分别形成花瓣和雄蕊的第二轮和第三轮之间做着同样的工作。当然，这并不能解释这一切都是为什么。植物或分生组织是如何知道每一层之间的细胞分裂必须减慢的呢？又是如何告诉各层之间的细胞减速的？分生组织又是如何知道应该形成四层细胞，而不是三层或五层呢？这些问题的答案我们还不得而知。我们再一次看到，在科学中，一个谜题的答案总能带来许多新的谜题。

在分生组织边缘出现新的细胞层突起后不久，多叶蛋白和 APETALA1 蛋白就开启了另一组被称为 *SEP* 的基因。在此之前，这些细胞虽然是为开花而编程的，但还不能真正地构造一朵花。而一旦 *SEP* 基因启动，它的产物就给花的形成传达了一个信号——"不能再回头了"。

顺便说一句，*APETALA1* 基因有一个"表亲"。产生相似的，有时几乎相同的蛋白质的同族基因在植物和动物中很常见。之前我们其实已经提到过，这些同族的基因通常是因其进化历史上的基因重复事件而出现的。有时，这些几乎相同的蛋白质可以相互替代。*APETALA1* 也是这样的一个基因家族的一部分，它的作用与另一个被称为花椰菜（*CAULIFLOWER*）的基因的作用有一部分是重复的。花椰菜基因的突变对拟南芥没有明显的影响。但如果把*APETALA1*和花椰菜基因同时去除，拟南芥的分生组织看起来就会像一棵小花椰菜。此时，分生组织是由许多不同的花分生组织组成的。这其实就是花椰菜的形成过程，它是一种变异的甘蓝，其分生组织呈白色，膨大增生。这种植物很难开花。

回到我们的故事，我们现在有四个同心的细胞层正在分生组织中形成，*SEP* 基因已经启动，真正形成花的第一步已经跨出了。四个细胞层是特定基因开启或关闭的区域，这些基因能指导四种典型的花器官的形成。这一总体体系是二十多年前人们通过对拟南芥的研究而发现的。自那时以来，后人又为这个过程填补了许多细节，但还没能摸清全部的秘密。人们通过显微镜观察或运用遗传学研究手段得出研究结果，又通过研究不符合花萼、花瓣、雄蕊和心皮这一常见花结构的花，阐明了更多细节。花朵形成的体系分为四个独立的遗传过程，每层细胞都是其中的一个，因此每一个过程负责花的四个器官之一。但是请记住，这里所描述的开花过程非常简洁，隐去了不同植物之间的许多差异性和复杂性。甚至在同一个物种中，这些差异性和复杂性也是存在的。

有一些基因在所有四层细胞中都是活跃的，包括多叶基因、*APETALA2*（*APETALA* 基因家族的另一个成员），以及一种或多种 *SEP* 基因。此外，每个器官的形成还有专门的一套程序。四个器官的形成程序只由四种基因决定，分别是 *APETALA1*、*PISTILLATA*（雌蕊基因）、*APETALA3* 和 *AGAMOUS*。这四种基因以不同的组合来定义四个器官。*APETALA1* 与花的外部结构（花萼和花瓣）有关，而 *AGAMOUS* 则参与花生殖器官部分的形成。

在最外层的细胞中，花萼的形成依赖于 *APETALA1* 和 *APETALA2* 基因保持持续的活性。在下一层中，花瓣即将形成，*APETALA1* 基因的活性保持不变，*APETALA3* 和 *PISTILLATA* 基因被激活。在相邻的雄蕊形成层中，*APETALA3* 和 *PISTILLATA* 基因保持打开，而 *APETALA1* 基因和 *APETALA2* 基因被关闭，*AGAMOUS* 基因被打开。这些基因可以自己控制开闭，而其他基因，比如 RNA 基因，则会与这些基因序列相互作用，调节它们的活性。几天后，AGAMOUS 蛋白的积累将会启动另一种名为 *KNUCKLES*（指关节）的基因，而这一基因又可以改变 *WUS* 基因的 H3 组蛋白，使其甲基化，进而关闭该基因。此时，植物已经不再需要 WUS 蛋白来刺激新的干细胞形成了，花现在已经走在了形成的道路上。

现在，唯一剩下的任务就是第四层中心皮的形成。这需要

AGAMOUS 蛋白，同时需要关闭 *APETALA3* 和 *PISTILLATA* 基因，如果后两者仍然保持活性，将阻止心皮的形成。

只需五个基因（*APETALA1*、*APETALA2*、*APETALA3*、*PISTILLATA* 和 *AGAMOUS*）以不同的方式组合工作，就可以指导一朵复杂的花的形成。这些基因的产物还会影响其他基因的活性，可以说，这些基因调节了实际构建花朵所需的全部基因，可它们在基因组上的目标序列似乎只有 10 个碱基对的长度：先是 CC，然后是 6 个 A 或 T，最后是 GG。这些基因的蛋白质也可以影响不同层的边界，使它们彼此独立。例如，*APETALA1* 或其基因产物 APETALA1 蛋白不允许 *AGAMOUS* 基因激活，反之亦然，必须关闭 *APETALA1* 基因才能激活 *AGAMOUS* 基因。这些特殊基因的基因产物都不是单独作用的，它们都与其他蛋白质和不同的分子联合起来进行工作。

你可以把花的形成想象成一部四个乐章的交响乐。交响乐的演奏取决于管弦乐队和指挥——*APETALA2* 基因和 *SEP* 基因。第一乐章只有一个主题：APETALA1 蛋白。第二乐章在第一乐章的基础上添加了 APETALA3 蛋白和 PISTILLATA 蛋白。在引入 AGAMOUS 蛋白主题的第三乐章中，没有留下关于 APETALA1 蛋白主题的任何痕迹。最后，AGAMOUS 蛋白独自完成了第四乐章。

但在这个过程中仍然存在许多问题。例如，AGAMOUS

蛋白有助于关闭 *APETALA1* 基因，并促进雄蕊和心皮的形成，但在第四层子房和其他雌性器官形成的地方，又是什么关闭了 *APETALA3* 基因和 *PISTILLATA* 基因？这一问题目前还没有答案。

当这些基因中的某一个发生突变或缺失，或者由于基因组其他地方的突变而在错误的地方启动时，植物就会发生变异。番红花就是这样。*PISTILLATA* 基因和 *APETALA3* 基因在最外层得到了表达，因此植株产生了额外的花瓣而不长花萼。

植物学家花费了大量的时间和金钱来研究番红花，这也许令人惊讶。你可能会问，为什么要研究番红花呢？因为番红花是一笔大生意。番红花心皮上的柱头是药材藏红花的来源，每磅藏红花的价格可达数千美元，具体的价格取决于其原产国。幸运的是，一道菜只需要几根藏红花就足以调味了。

边界在细胞层中也很重要。边界能确保在第一层和第二层中分别形成多个花萼和花瓣。雄蕊和心皮本身由几个不同的部分构成，包括花粉和卵，因此在那里边界也很重要。目前，人们已经识别出了影响这些发育器官中边界形成和维持的多个基因。然而，到目前为止，我们还不能利用它们讲出完整的故事。在这些基因中，有的似乎减缓了细胞增殖，有的似乎改变了细胞的大小，指示细胞变成特定的形状以形成边界。但从本质上说，所有已被识别的基因都是开启或关闭其他基因的基因。留待人们继续解答的问题仍有很多。

真正起重要作用的基因——那些发育成绿色花萼或形状特别的彩色花瓣的基因，才刚刚开始被研究。实验表明，至少有 23 个独立的基因可能参与到了决定拟南芥花瓣大小和形状的过程中。了解这些基因和它们所产生的蛋白质或RNA 如何发挥作用是很有趣的。花瓣中不同位置的细胞以不同的速度繁殖，并以此来控制花瓣不同位置的大小和形状。

虽然我们对花如何形成的大部分知识来自对拟南芥的研究，但对其他几种植物的研究却证实了这些机制具有普遍性。重要的农作物，如玉米和商业苗圃植物（矮牵牛和金鱼草等，它们都比拟南芥更早被用作实验植物）也是实验室的研究对象。从每种生物中了解到的大部分知识都很容易适用于其他生物，但要在科学论文里发现类似的相似之处就不会总是那么简单了，因为同一基因在不同的生物中往往有不同的名称。但尽管如此，各个基因之间的关系总是不变的。

到目前为止，从这一章的内容来看，似乎所有的花都可以被看作花萼、花瓣、雄蕊和心皮四个部分的不同排列。但很显然，还有许多花，其中也包括相当普通的花，其结构并不是那么简单的。举个例子，基因该如何解释所有菊花类的花（如非洲菊、紫菀、向日葵和雏菊）的特殊结构？下一章，我们将探讨这些结构特殊的花。

# 金鱼草、向日葵：那些形态特殊的花

　　第9章描述了结构最简单的花，这些花形成于分生组织。这样的花朵就像野玫瑰一样，是径向对称的。但还有很多花并不是这么简单。雏菊的花瓣似乎也是径向对称排列，花瓣围着由小结构构成的中心。有些植物，如兰花、金鱼草和毛地黄，是两侧对称的，而非径向对称。它们有一条从上到下的中轴线。我们很熟悉两侧对称，因为这也是人体从头到脚的组织方式。不同花型的进化与传粉昆虫和鸟类的进化密切相关，这种协同进化能维持植物的有效传粉，持续向传粉者提供花蜜。每一种形状的花似乎都为特定的传粉者提供了方便进入的入口。

　　兰科植物（Orchidaceae）大家庭有 26000 多个种。乍一看，野兰花看起来并不像店里出售的那种又高雅个头又大的兰花。培育兰花在业余爱好者当中是一种很受欢迎的消遣，也有很高的商业价值。兰花培育的流行导致了针对这个家族的研究很活跃，资金也充裕。因此，我们对兰花为什么会如此多样已经有了详细的的了解。尽管兰花及其他两侧对称的花看起来与径向对称的花非常不同，但它们的发育同样依赖于与拟南芥相同的四个细胞层和相同的基因。特殊的突变会产生不同的形状。兰花像番红花一样没有花萼，这是因为一种突变导致 *PISTILLATA* 和 *APETALA3* 基因在正在发育的最外层细胞中被激活了，在简单的花的最外层细胞中，这两种基因本应保持静默。

　　此外，兰花的每片花瓣也不尽相同（见图 5），在花的底部有一片不寻常的花瓣——唇瓣。*APETALA3* 基因的多个变异可能会影响唇瓣的特殊形状。对某些兰花来说，唇瓣是一个重要的平台，昆虫可以从这儿进入花朵寻找食物，从

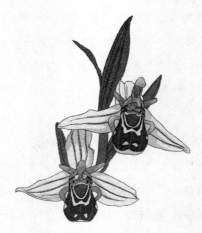

图 5　蜂兰的花瓣

蜂兰的唇瓣看起来非常特别，就像一只蜜蜂，蜂兰以此来吸引雄蜂传粉

而收集花粉。昆虫并不是兰花的唯一传粉动物，不同的兰花可以利用蝴蝶、鸟类甚至小型哺乳动物携带花粉到其他的花上。兰花还有其他几个不寻常的特征。例如，心皮和雄蕊被融合成一个结构，这种变异背后的遗传学和表观遗传学原因仍在探究之中。

金鱼草（*Antirrhinum majus*）是另一种具有两侧对称的花的植物，长期以来一直是植物学家最喜爱的实验植物。控制拟南芥的花形成的大多数基因都能在金鱼草的基因组中找到它的兄弟或者近亲。

我最早学会识别的野花中的一种——柳穿鱼（*Linaria vulgaris*），是金鱼草的近亲，其花的两侧对称性很容易被发现，因为其中一片花瓣是亮橙色的，而其余部分是黄色的。即使只是快速一瞥，你也能发现金鱼草或柳穿鱼的花瓣与径向对称的花（如野玫瑰）大不相同。两侧对称的花有两片顶部花瓣、两片侧面花瓣和一片底部花瓣。18 世纪时，林奈观察到了几株特殊的柳穿鱼，这些植物开着径向对称的花，但他对基因一无所知，不明白为什么会发生这种情况。

目前，与柳穿鱼或其他植物相比，人们对两侧对称是如何在金鱼草中发展起来的已经有了更多的了解。对金鱼草的研究大约在一个世纪前就开始了。早些时候，人们发现了一些失去了两侧对称性的突变体。事实上，金鱼草的突变相当频繁，经常返回到原始的径向对称形式（突变是不稳定的）。

这种行为是基因组中一组活跃的可移动 DNA 带来的结果。它们可以移动到导致突变的基因中，然后再次弹出，恢复原来的基因活性。

就像到目前为止我们已经发现的关于花的形态发展的知识一样，在大多数金鱼草的实验中也发现了调节基因，这些基因可以启动或关闭其他基因。这些基因在花瓣（第二层）和雄蕊（第三层）的发育中发挥作用，并为发育中的花建立一个顶部和一个底部。金鱼草的五片花瓣并不保持各自独立，而是融合成一根独特的管状物。

在正在发育的金鱼草中，有一个被打开的关键基因被称为 *CYCLOIDEA*。另一个基因 *DICHOTOMA* 对最终形成的花的非对称性也是很重要的。这两个基因如此密切相关，很可能起源于同一个祖先的基因重复。如果这两个基因都发生突变或缺失，那么花就是径向对称的。*CYCLOIDEA* 基因是受表观遗传控制的基因中一个很好的例子。当它的 DNA 甲基化时，它就会被关闭。就像本书中描述的所有其他基因和基因产物一样，*CYCLOIDEA* 和 *DICHOTOMA* 基因编码的蛋白质也会通过调节其他基因的活性来影响花的形态。它们似乎是通过与特定的 DNA 序列结合来激活相邻基因的。从分生组织最早的发育开始，我们就可以了解 *CYCLOIDEA* 这样的基因是如何工作的了。它们在构成顶部花瓣的区域特别活跃。此外，新生花瓣顶端附近的细胞和底部的细胞，以不同的速度生长和分裂，并长成不同的形状。其他基因则以复杂的甚至对抗性的方式，来影响花瓣顶部和底部的差异化发育，并共同赋予花瓣以非对称性。

虽然有些径向对称的花不含 CYCLOIDEA 基因，但其他的花都含有这种基因。拟南芥的基因组也包含一个 CYCLOIDEA 基因，尽管它的花有四片对称的白色花瓣。在这种情况下，该基因的活性和位置不同于其他植物，如金鱼草。在对称程度不同的花中，CYCLOIDEA 和 DICHOTOMA 以及其他相关基因也会出现。同样，花朵不同的对称性反映了这些活跃的基因在一朵发育中的花中所处的不同的位置。至于是什么原因导致这些基因在发育中的花中分布得如此不平衡，我们还不得而知。

金鱼草是一个很好的例子，可以用来说明自然界中花的特殊形状是如何与成功的传粉媒介（如鸟类或昆虫）共同进化的。黄蜂是金鱼草的高效传粉者，而金鱼草花的进化产生了一种特别适合黄蜂的构造。花朵的非对称性不仅表现在花瓣围绕雄蕊和心皮的排列方式上，还表现在花瓣本身的形状、花瓣两侧的差异和雄蕊的形状上。花朵值得我们更仔细地观察，它们可以呈现出各种不同的排列规律。

乍一看，非洲菊、雏菊、向日葵和类似的花似乎是由一个只有花瓣组成的外圈和一个由小突起组成的中心花盘构成的。虽然整朵花看起来是径向对称的，但实际情况要复杂得

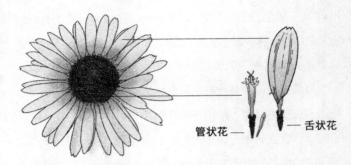

管状花 ——                    —— 舌状花

图6 雏菊中的舌状花与管状花

多。实际上，这些花的外圈和内盘都是许多小花形成的集合
（见图6）。外圈的每朵花花瓣都是两侧对称的（如金鱼草），
被称为舌状花（ray flower）。中心花盘则包含许多微小的、
径向对称的管状花（disc flower）。除了花瓣本身之外，
很难看到舌状花的其他部分，这些部分非常靠近舌状花与内
盘相连的地方。而管状花也不是很容易看到的，因为它们太
小了，你可以用一个好的放大镜做辅助，但效果也不太令人
满意。

　　这种结构解释了为什么菊花类的花被称为复合花。在
花朵形成过程的早期到底发生了什么，导致最后形成了两
种，而不是一种花呢？是不是有八层，而不是四层细胞：
四层制造了舌状花，另外四层制造了管状花？这些复合花
的发育有很大的不同吗？我们还不知道这些问题的答案。
花形成的故事仍然不完整。

我们知道，拥有复合花的植物的繁殖是两种花共同努力的结果。舌状花专门用来吸引生产种子必需的传粉者，但它们本身并不繁殖。相比之下，管状花有可育的花粉和卵子，并依赖于传粉者。通常，蜜蜂会被舌状花吸引，而对管状花进行受精。一朵大的向日葵的花就能产生一千颗或更多的种子。

正如人们猜想的一样，向日葵中舌状花的两侧对称，依赖于不对称的缔造者——*CYCLOIDEA* 基因。该基因在径向对称的花盘中几乎不表达出来。在 *CYCLOIDEA* 基因产生突变的向日葵植株中，两侧对称的舌状花消失，变得像径向对称的管状花。*CYCLOIDEA* 基因的不同突变导致了更奇怪的结果。在有这种突变的植物中，管状花会被舌状花取代。这种突变并没有改变基因编码的蛋白质，而是在基因通常应该沉默的地方打开了它。这样，本应是径向对称的管状花变成了两侧对称的舌状花。发现这一现象的科学家们意识到，19 世纪的画家文森特·凡·高（Vincent van Gogh）早已发现并描绘过这种突变的花。凡·高画的许多向日葵闻名于世，他的画中描绘了舌状花和管状花的常态分布，也描绘了许多管状花被舌状花取代的向日葵（见图 7）。

向日葵花盘上管状花的排列方式是很不寻常的。它们从中心沿顺时针和逆时针方向以优美的螺旋曲线生长着。每个方向上的螺旋数都是斐波那契数，即斐波那契数列的数字项，后一项是前两项的和（0，1，1，2，3，5，8，…）。早在

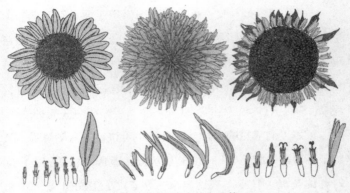

图 7 基因突变的向日葵

13世纪数学家列奥纳多·皮萨诺（Leonardo Pisano）发现该数列之前，进化就早已在不同的地方使用这一数列了。例如，棘皮动物门的海星和它们所有的亲属都有5条腕足，而野玫瑰有5片花瓣，百合花有3片花瓣，3和5都是斐波那契数。大多数植物花瓣的典型数目（不包括看起来像花瓣的花萼）也都是斐波那契数——3和5最为常见，只有很少的花是4片花瓣。自然界中的许多螺旋曲线，无论是蜗牛壳，还是复合花（如向日葵）中心的种子排列，也都是斐波那契数。更重要的是，向日葵花盘上的管状花组成的顺时针和逆时针螺旋曲线的数量也能构成相邻的斐波那契数，例如34和55，或者55和89。对于为什么进化会倾向于这样的数字，人们普遍认同的解释是，这样的安排能让圆盘得到最大面积的填充。

到目前为止, 本章一直在关注不同花朵的整体形状是如何形成的。四个独立的花器官在不同植物上的形状可能不同。参与这些过程的一些基因已经被识别出来, 未来我们有可能完全总结出这些基因的功能。然而, 就目前而言, 这些问题还只能得到概述性的回答。关于花瓣形成的问题正好说明了这一点。

我们已经谈到花瓣是如何分开的。花瓣之间边界的形成, 与定义花本身的四层细胞之间的边界的形成有关。与细胞层的情况一样, 花瓣边界的形成也与细胞分裂和细胞生长速率的降低有关。但花瓣的形状到底是怎样产生的呢?

径向对称的花, 其花瓣一般都是一样的。例如, 玫瑰花瓣通常是圆形的, 而百合花的花瓣总是尖的。两侧对称的花, 其花瓣有时也非常相似, 但在某些植物中, 例如兰花, 几片花瓣也可能有不同的形状。一些花瓣会围绕边缘产生褶皱, 而另一些花瓣则始终平滑。这些变化是如何产生的? 在前面, 我们谈到了这个问题的部分答案, 当时我们讨论了金鱼草的顶部花瓣和底部花瓣的非对称性。对于任何一种形状特殊的花, 到目前为止人们都只有一些初步的答案, 但有些一般性概念构成了这些变化的基础。

想象一下一片花瓣(或一片叶子)正在产生、生长和成形。下面的两个基本过程中, 可能有一个在起作用, 也可能两个都在起作用: 一个是现有细胞的分裂, 形成新的细胞; 另一个是已有细胞的生长——不管它们有多小或多大。生长速率和生长方向不同，新细胞形成的速率和方向也会有所不同。这两个过程的不同速率和方向将导致花瓣形状的不同。正在生长的花瓣可能会变得更长、更宽或更圆。随着花朵逐渐成熟，花瓣的形状可能也会改变。在许多花中，比如玫瑰，花瓣需要从紧密的花蕾中展开。而在其他花中，花瓣更像一根逐渐展开的管子。最终，当花瓣长到合适的大小时，花朵就需要发出信号来停止花瓣的生长，像雏菊的舌状花就比向日葵要小得多。要弄清楚这一切是如何协调的是个很难的课题，特别是因为在每一个阶段都有好几种不同的基因参与其中。

研究花瓣形成的一种方法是将这个过程分解成一系列步骤，在每一步骤中收集花瓣，并考察每一步骤中哪些基因是活跃的。花瓣中的细胞将含有来自活跃基因的 RNA，人们可以将这些 RNA 从花瓣中分离出来并进行鉴定。通过这种方式可以发现，在花瓣发育的不同阶段，被激活的基因可能会促进新细胞的形成或现有细胞的扩张。尽管不同的植物都依赖于相似的基因来控制花瓣的形状，但这些基因的活性在不同的时间和位置上是不同的。这一点人们早有预料。

到目前为止，我已经描述了花朵形成的已知过程和花朵的一般形状。但是为了引起传粉者的注意，花还有更多的工作要做。它们必须用颜色和气味装饰自己。这些构成了本书最后一部分的主题。

第

五

部

分

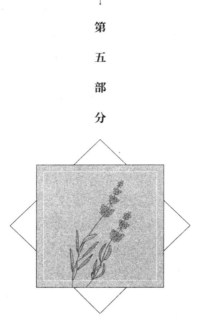

# 如何装饰一朵花？

尽管我们可能认为花的颜色和香气是为了取悦我们人类，但对花朵来说，真正重要的是小昆虫和鸟类。蜜蜂、蝴蝶、鸟和花朵以互惠互利的方式共同进化。花的颜色和香气吸引着这些动物。这些动物会钻进花中寻找花蜜，从雄蕊中带起花粉，并将其运送到附近或远处其他花的心皮上进行传粉。花在制造诱饵和花蜜上投入了大量的化学物质和能量。作为回报，被吸引的昆虫和鸟类能确保传粉，从而成功地帮助植物生产种子。没有动物，植物就不能传粉，没有种子，也不会有未来的花朵和果实。这就是水果种植者担心蜜蜂数量减少的原因。没有蜜蜂，就不会有桃子、杏仁和南瓜。

　　幸运的是，为了理解花的颜色和香味（以及花的许多其他方面），感兴趣的业余爱好者和科学家已经做了很多年描述自然变异的植物变种和收集种子的工作。收集种子的过程被称为种质收集（germ plasm collections）。在世界各

地的许多植物园和果园中，人们都在精心记录着种子的收集
情况。具体的种子目录现在可以通过互联网访问，植物学家、
育种者和业余园丁都可以进入查看，并了解相关信息。

用来给花瓣着色和赋予花朵香气的工具也是从基因开始
的。在试图理解开花方式的过程中，科学家们研究了偶然突
变，比如多叶基因的突变，然后再去发掘突变基因的蛋白或
RNA 产物在植物中的作用。但涉及花朵颜色和香气的研究
则正好相反，人们已知的是许多 RNA 及蛋白质的功能，其
中许多直接用于装饰分子的制造。它们的相关基因并不都是
打开或关闭其他基因的基因。

人类利用花的颜色（第 11 章）和香气（第 12 章）来增
强外表的吸引力，装饰衣服和给食物调味，因此关于植物生
产颜色和香气的广博知识已经积累了几个世纪。这些分子的
生产是一项古老的产业。在 19 世纪，染料和香水的大规模
商业化生产催生了几家大公司，这更加刺激了人们对这些物
质的研究。

从花瓣中提取染料和香水是一项昂贵的操作，而且依赖
于多种不可靠的因素，比如天气。因此，人们建立了工业实
验室，以确定从植物中分离出来的染料和气味的化学结构。
与从天然产物中分离这些化学物质相比，实验室还开发出了
更廉价、更可靠的人工合成物质。这种研究活动可以说也代
表了有机化学的诞生。

　　制作合成染料的努力是相当成功的。在某种程度上，这是因为天然染料和合成染料的色谱可以进行比对，来表明化学家离复制自然有多近。这与香水不同。直到今天，人们还是没有客观的方法来比较紫丁香花的自然气味与人工"紫丁香"商品香水的气味。此外，大多数花的香气都是多种芳香化合物的混合物，其中一些混合物相当复杂。过去，制造商不得不依靠主观措施来复制自然气味。随着气相色谱分析和质谱分析等现代分析化学技术的引入，这一点已经发生了变化，这些技术可以识别混合物中的复杂分子。有机化学家在鉴定染料和香气分子成分上的成功，也是识别植物中负责制造这些分子的基因的一个重要因素。

# 给花瓣着色：色素的世界

> 我想，如果你走过田野，而没注意到一片紫色的话，上帝
> 就会大发脾气。

　　——艾丽斯·沃克尔（Alice Walker），《紫色》

　　无论我们是否有意寻找，花的颜色都会吸引我们的眼球。一株明黄色的蒲公英从人行道的裂缝中长出来，吸引着城市居民的目光，呼唤着孩子们去采摘。夏末，废弃空地上的蓝色菊苣照亮了晦暗的角落。花园里，一大片五颜六色的郁金香令人眼花缭乱。住在华盛顿特区的我每年春天都会默默地感谢伯德·约翰逊夫人，她的花圃壮丽绚烂，为这座城市增添了色彩。在纽约众多骇人的交通圈旁，一块形状奇特的空地上，志愿者们年复一年、季复一季地种植和照料着一系列绚丽多彩的开花植物。

　　花的颜色也带动着一项重要的经济产业，据估计，这一产业的相关价值超过 700 亿美元。企业在杂交和基因工程上投入了大量资金以制造新产品，而公众则急切地以高价购买

新品种的开花植物。对蓝色玫瑰的热捧就是一个很好的例子。在 2004 年、2008 年和 2011 年，植物育种者一直在进行这一探究，以期获得更多的成功。事实上，新品种的蓝色玫瑰看起来更像是淡紫色，而不是蓝色。这是朝正确方向迈出的一步，但还有很长的路要走，将来很可能会生产出二三十美元一枝的玫瑰。有些人认为他们已经见过真正的蓝色玫瑰了，但遗憾的是，那可能只是一朵染成蓝色的白玫瑰，这种情况并不少见。

另外，种植者在发展和培育蓝色矮牵牛方面取得了成功。他们并没有改变基因，从而使植物产生蓝色色素。更确切地说，是让被操纵的基因能够维持花瓣的正常酸度。当这个基因被改变后，花瓣的酸度降低，花就变成了蓝色，而不再是红色。

有花园的人知道，红花经常吸引蝴蝶和蜂鸟。在哥斯达黎加一座壮丽的国家公园里，我见过一株开着鲜红色花朵的藤本植物，它与杜鹃花、蓝莓和石楠花同属一类。自然学家并没有确定它的通用名，只说它要么属于杜鹃花科（Ericaceae），要么是艳苞莓属（Cavendishia）。它鲜红的花看起来像长长的、颠倒的郁金香，悬挂在茎上，排成一排。导游解释说，这种排列使蜂鸟更容易进入花内寻找花蜜。当蜂鸟进入时，它们会用羽毛带起花粉，然后将花粉放在心皮上以使卵子受精。接着，令人不敢相信的部分来了——

授粉成功后，花朵会旋转，流线型的花朵卷起。蜂鸟不再造访，但唐纳雀更容易接触到果实和种子了，它们将在接下来的时间里促进种子的散布。我从不确定是否要相信这个故事。但众所周知，有些花在授粉后，确实会发生颜色和形状上的变化。

负责制造花色素的基因编码蛋白酶，这些酶能使花产生获得颜色所需的化学反应。这些基因以及用来调节它们的分子的编码基因若发生突变，就会产生各种各样的颜色和图案。早在 20 世纪中叶拟南芥被用作模式植物之前，人们就对花瓣颜色的遗传产生了兴趣。那时，人们对花颜色基因的了解大多来自对金鱼草、矮牵牛和牵牛花的研究。

两个非常大但非常不同的分子，对决定花朵的颜色起到了关键性作用：蛋白酶和色素。像所有的蛋白质分子一样，蛋白酶也是大分子。除了成千上万个碳、氢和氧原子外，它们还可能含有氮、硫和磷等原子。每种酶的结构都由植物 DNA 中的一个或多个基因决定。信息从基因流向信使 RNA，这些信使 RNA 随后通过遗传密码被翻译成蛋白酶，然后催化生成色素分子的化学反应。其他基因和相应的蛋白质与 RNA 则可以决定何时何地制造多少种花的颜色。

色素分子则与蛋白质有很大的不同。虽然与水和糖分子相比，它们也是巨大的，但它们不像蛋白质那么庞大和复杂。有些色素只有几百个原子，主要是碳、氢和氧，而不含氮、硫或磷。那么，什么分子产生什么颜色？所有花的颜色其实都是由四种主要的色素分子及其修饰制造而成的。

许多红色和蓝色色素以及它们的变种，都来自一组被称为花青素（anthocyanin，源自希腊语，anthos 意为花，cyan 意为蓝色）的分子。有些花青素负责给水果、红酒、秋叶和花朵上色（我们之前曾提到过，花青素与日本枫树的红叶有关）。最简单的花青素有 15 个碳原子、11 个氢原子和 1 个氧原子，碳原子排列成环。植物擅长从原子和简单分子（如水和二氧化碳）开始构建复杂分子，它们在这方面和动物做得一样好。

使花朵像大丽花和金鱼草一样变黄的色素分子，是一种叫作橙酮（aurone）的化学物质，它的结构与花青素的结构有关。其他黄色和橙色的花，如向日葵和万寿菊，被称为类胡萝卜素（carotinoid）的分子着色。还有甜菜红素（betalains），这是为马齿苋和红甜菜等花卉着色的色素。

要弄清楚花青素等复杂色素分子的结构，需要优秀化学家的奉献精神和技巧。首先，他们在花园里采集矢车菊和玫瑰等花朵，然后将花瓣在温水中煮，用化学方法进行纯化，得到纯花青素，并进行分析。该工艺类似于千百年来获得布料染料的流程。确定化学结构是了解花朵如何制造花青素的第一步。该路径中的每一个步骤都由一种酶催化，每一种酶都由植物的一个基因编码。植物使用相同的步骤来制造许多色素。我们可以从对通用过程的概述中，了解到制造这些分子需要多少个基因，以及植物利用资源的效率有多高。

首先，植物必须制造更简单的分子，用来构建花青素。其中一个分子有 3 个碳原子，一个有 9 个碳原子（也都有氢原子和氧原子）。植物制造 3 碳和 9 碳启动分子需要多个步骤，每个步骤都需要不同的酶进行催化，每种酶都来自不同的基因。然后，另一种不同的酶将 3 个 3 碳分子与 1 个 9 碳分子结合起来，形成一个更大的分子——查耳酮（chalcone）。编码这些酶的基因平时在植物中会被关闭，直到花形成时才会在花瓣中被激活。虽然 4 个启动分子中一共有 18 个碳原子，但在查耳酮形成的过程中有 3 个碳原子会丢失。查耳酮有 15 个碳原子、5 个氧原子和一串氢原子，这些原子大部分排列成环。查耳酮的制造才刚刚开始，就已经有大量的基因和酶参与其中。此外，这个过程的背后是更多编码蛋白质和 RNA 的基因，它们编码出的蛋白质和 RNA 调节着编码构造色素的酶的基因。

总之，许多基因和它们编码的酶参与了花青素的产生，以使花瓣着色。为了吸引昆虫和鸟类，植物动用了大量的资源。进化确保了植物对这些资源的有效利用。同样的 3 碳和 9 碳分子，在植物中还会被用来制造其他重要的大分子物质，如脂肪酸和白藜芦醇。白藜芦醇被发现于红酒中，这种分子因为延长了老鼠的寿命而出名。这总体上是细胞经济①中的一个共同主题:利用共通的分子"建材",来建造目的不同的物质。

从查耳酮开始制造花青素分子,还需要至少五个基因(以及由这些基因编码的酶),这取决于需要哪种花青素。天竺葵花瓣中的细胞使用七种不同的酶从查耳酮中生成红色色素,因此需要的至少七种不同的基因中任何一种的突变都可能意味着红橙色被改变或丢失。在许多不同的花中,类似的基因和酶以及其他基因一起,负责制造蓝色和洋红色的花青素色素。

不同的花青素中有不同种类的原子悬挂在成环的碳原子上。这些不同的花青素的名字很长,但有些也有合理的解释。例如,翠雀花素(delphinidin)是一种分子,它将紫色、紫红色或蓝色赋予翠雀、飞燕草和其他蓝色的花。为了简单一点,我们可以把翠雀花素称为蓝色花青素,而把其他花青素称为红色花青素(例如赋予天竺葵红色的色素)和洋红色花青素(赋予玫瑰深红色或洋红色的色素)。

制造黄色的橙酮分子也是从查耳酮开始的,需要独立的另一组酶,因此也需要特殊的基因。

---

① 微生物的生命活动过程遵循的一个基本原则,即任何情况下力求以最小的耗费取得有利于自身发展的最大效益。

　　甜菜红素是一种完全不同的色素。它们是从一种叫作酪氨酸的氨基酸开始构造的。这是植物生理过程之高效的另一个例子。制造一个细胞所需的所有蛋白质几乎都需要酪氨酸，制造氨基酸需要独立的一组基因和酶。一旦酪氨酸被制造出来，植物就会使用酪氨酸来制造甜菜红素。从酪氨酸中合成甜菜红素所需的酶，与用来制造花青素的酶是完全不同的。〔神奇的是，在甜菜红素构造中起中介作用的分子之一，在动物的大脑中也是构成多巴胺（dopamine）神经递质的中介分子。进化可以使用相同的原材料完成多个目的。〕很明显，制造甜菜红素的花不能产生花青素，反之亦然，没人知道为什么会这样。

　　类胡萝卜素有 30 多个碳原子，它除了给花瓣着色外，还有多种重要的功能。胡萝卜的橙色来自类胡萝卜素。人体使用类胡萝卜素制造维生素 A，但我们自身却不能产生这种类胡萝卜素。维生素 A 对人类的健康而言必不可少，这就是吃胡萝卜如此重要的原因。这也是为什么科学家要开发含有类胡萝卜素的工程稻，即所谓的"黄米"。大米是数百万缺乏良好维生素 A 饮食来源的人的主食。膳食中的类胡萝卜素也是使火烈鸟变成粉红、使鲑鱼肌肉变红的分子。煮熟的龙虾壳的亮红色也来自类胡萝卜素。在烹饪之前，龙虾壳呈蓝色，这是因为类胡萝卜素与细胞中的一些蛋白质结合在了一起，而高温会使二者分离。这些色素的分子构成要素与制造某些植物香气分子所用的 5 碳分子相同，我们将在下一章中讨论这些内容。

并不是所有的花都是白色的、红色的、洋红色的、蓝色的或黄色的。花朵看起来似乎可能有无限种不同的色调和组合。如果植物只能制造这几种不同的色素分子，那又是怎样得到这么多颜色的呢? 在这里，遗传学以微妙的方式发挥了作用。

花的颜色不仅仅取决于有哪种色素分子存在。猴面花是我最喜欢的一种野花，许多植物学家都对它进行过研究。猴面花有许多不同的种类，夏天时，它们常见于美国西部山区，特别是在溪流附近。其中有一种名叫粉红色猴面花（*Mimulus lewisii*，以著名的刘易斯与克拉克远征队中的梅里韦瑟·刘易斯[1]的名字命名），开着粉红色的花。它的颜色来自一种花青素，但花青素不多，所以花看起来是粉红色的，而不是红色的。

粉红色的花通常是花青素产量低的结果。这可能是因为打开一个或多个所需基因的开关缺失或本职工作没有做好。色素产量低也可能是基因活性的调节器发生变化的结果。这

---

① 刘易斯与克拉克远征（Lewis and Clark expedition，1804—1806）是美国国内首次横越大陆西抵太平洋沿岸的往返考察活动。领队为美国陆军的梅里韦瑟·刘易斯上尉（Meriwether Lewis）和威廉·克拉克少尉（William Clark），该活动由杰斐逊总统发起。

些变化的结果是，当细胞需要产生丰富的颜色时，可能无法产生足够多的色素。如果颜色本应是红色，就可能变成粉红色；如果本应是蓝色，就可能变成天蓝色，而非深蓝色。

　　另一种调节颜色的方法是，改变细胞内色素所处环境的酸度或 pH 值，让色素显示不同的色调或颜色。色素通常储存在小囊中。有时，这些囊与包含它们的细胞会有不同的酸度。根据囊的酸度，有些色素可能会变成不同的颜色。园丁们都知道，绣球花会开出粉红色或蓝色的花，这取决于土壤的 pH 值。（顺便说一句，绣球花没有花瓣，看起来像花瓣的其实是花萼。）在酸性土壤中，花会被翠雀花素染成蓝色（只要土壤中含有一点铝元素）。向土壤中添加石灰会降低土壤的酸度（升高 pH 值），同样的灌木就会开粉红色的花。不需要改变基因，色素也仍然是翠雀花素。色素颜色的变化相当复杂，因为囊的酸度本身也是由一组基因决定的。这种基因的突变可以改变花的颜色，而不需要园丁的介入，也不需要改变产生色素的基因。例如，在矮牵牛中，某些突变就会改变色素囊的酸度，导致红色矮牵牛变成蓝色。

　　花瓣细胞的形状甚至也会影响颜色，因为它可以改变光线反射回我们眼睛的方式。色素分子在囊中堆积的方式也会影响我们看到的颜色。

　　如果花能产生不止一种色素，颜色就会变得更加复杂和微妙。粉红色猴面花不仅能产生花青素，还能产生类胡萝卜素,但黄色的类胡萝卜素只出现在粉红色花中的两个黄点上。黄点是传粉蜜蜂的向导(见图8)。另一种猴面花——红猴面花(*Mimulus cardinalis*)有一种特殊的红色。它比粉色近亲能产生更多的花青素,因此颜色更暗。它也会产生类胡萝卜素,但它能使这种色素贯穿整个花瓣,而不只是停留在两个点上。这两种色素的结合赋予了红猴面花特殊的颜色,但是蜜蜂看不清这种颜色,也不会被吸引。红猴面花是由蜂鸟传粉的。这种花进化得比粉红色猴面花更窄,更适合蜂鸟的窄喙。这两个近亲的这些特性都依赖于基因——塑造花的颜色和形状所需的基因,以及控制花瓣中哪些颜色在哪里(在哪些细胞中)被制造的基因。

图 8　粉红色猴面花

粉红色猴面花上颜色较浅的部分呈亮黄色,可以引导蜜蜂进入花中

红猴面花的故事说明了一些花可以同时产生几种不同的色素，例如红色和黄色色素。这样的花通常看起来更像红色而不是黄色。但是，如果产生红色色素所需的基因发生变异，这种花就会变黄。只要心皮接收到来自同一朵花或其近亲的花粉，这种植物的后代就会开黄色的花。这些变化在自然界中相当常见。植物育种者依靠这样的随机事件来培育带有独特颜色的花，园丁和育苗者都很珍视这样的花。今天，植物育种者将传统方法与基因操纵结合起来，可以更精确、更快地做同样的事情。

几年前，我在苗圃里发现过一种很棒的植物，那是一种在南美洲土生土长的植物——蝴蝶草。蝴蝶草在悬挂的花盆里开出了很多紫花，即使在阴凉处也是如此，而且似乎并不介意美国炎热的夏天。现在，基因工程已经培育出了开黄色花的蝴蝶草。做这件事的日本科学家有一些奇妙的工程要做——他们必须阻止紫色色素的合成。他们通过引入一种小型 RNA 的基因实现了这一点。这种小 RNA 分子干扰了正常花青素合成所需的酶的产生。（请注意，小 RNA 分子可以在不改变基因本身的情况下改变基因工作的方式。）他们还引入了两种新基因，这两种基因提供了从查耳酮中制造橙酮所需的酶。2007 年春天，我在苗圃里发现了这种黄蝴蝶草。当然，它比普通的紫色品种贵得多，但它在我的花园里生长得很好。

许多花只有单一的颜色或色度，但有些花展现了令人惊异的多彩颜色，比如不同颜色的扇形、斑点或条纹图案。不过，有不同的方法来形成这些五颜六色的图案，这不足为奇。

园丁很熟悉红星矮牵牛。红星矮牵牛鲜艳的红花中心会冒出一颗白星，延伸到红色的花瓣中。这一广受欢迎的矮牵牛品种的这一特征，反映了在查耳酮制造过程中重要基因的活动模式。与红色区域相比，白色区域中该基因的信使RNA要少得多。很可能该基因在花的两个颜色区域都有很好的表达，但是信使RNA在白色区域的稳定性要差得多。这也很可能是因为信使RNA被一个小RNA的活动破坏了。虽然这一结论待定，但它很有意义。然而这并不能解释为什么白色区域呈星形，而不是影响整朵花。由观察得来的一种可能的解释是，白星形状是在花脉周围形成的。如果一种破坏性的RNA在花的细胞液中扩散，它将在扩散到花的其余部分之前到达花脉周围的区域。

在我的花园里，一棵开花很晚的杜鹃花开着白花。四十年前，在我们种下它之后不久，我惊讶地发现，有些花随机地出现了粉红色的扇形或条纹。每年春天，在这种植物的花上都会发生同样的事情。这并不是一种罕见的现象，它也会出现在其他植物中，如金鱼草、矮牵牛和牵牛花。达尔文研究过一种花上带红色条纹和斑点的白花金鱼草。他对孟德尔的实验或基因一无所知，因此根本无法推测这种带颜色的条纹是如何产生的。今天，关于杜鹃花花瓣的白色中为什么会出现着色区域的问题，人们已经找到了可靠的解释。

请记住，每个细胞都有自己的 DNA 和基因，并能制造自己的酶；这些 DNA 和基因在植物的所有细胞以及种子的所有细胞中都一样。在细胞的生命过程中，DNA 和基因可能偶尔会发生突变，这种变化在细胞分裂的过程中会传递给所有的子细胞，而不会对附近的其他细胞产生任何影响。

一套完整的酶和相应的基因必须正常工作，才能制造红色的花青素，杜鹃花才能在我的花园中开放。假设植物制造红色花青素所需的其中一个基因发生了一个破坏性的突变，植物失去了这个基因和它的酶，就不能产生花青素了，花丛就会开出白色的花。进一步设想，这种突变，即 DNA 中的变化，是一种不寻常的突变，是随机事件的结果——一个跳跃基因插入 DNA 中破坏了基因。跳跃基因起源于细胞 DNA 中的其他地方。这个事件的结果是，被破坏的基因不再起作用，花青素也不再产生了。

关于跳跃基因还有一个有趣的事实：它们偶尔会跳出来。如果跳出来了，原始的 DNA 序列就会恢复。想象一下，正在发育中的白色花瓣的一个细胞中，跳跃基因跳出来了，这个细胞就能产生红色色素了。花朵越大，花瓣中的细胞就越多。它们中的大多数仍然是白色。但是，所有由红色细胞分裂出的细胞，也就是它的子细胞，将会产生红色色素。如果有足够的红色色素细胞，它们在原本是白色的花上，就能形成红色斑点或条纹了。

研究杜鹃花的基因很难，因为杜鹃花生长缓慢，而且经常通过插条而不是种子繁殖。但对跳跃基因的同样解释也适用于几种一年生植物，如矮牵牛和金鱼草。有些技巧可以使跳跃基因比自然状态下跳跃得更加频繁。从植物的种子中可以生长出许多不同的植株，其中花朵颜色变异的突变植株是容易鉴定的，然后便可培育出供研究用的变异株。例如，一种在红花上有白色条纹的变异矮牵牛就是从这些植物中被挑选出来的。利用跳跃基因的 DNA，我们可以对受其影响的基因的 DNA 进行纯化。然后，这个 DNA 就被用来纯化原始的、未突变的基因。跳跃基因的 DNA 为识别和纯化正常基因提供了一种标签。已经过鉴定的正常基因可用于鉴定它们产生的蛋白质或 RNA。

在 17 世纪欧洲的郁金香狂热中，最稀有、最昂贵的郁金香品种是所谓的"破碎"郁金香。这种郁金香拥有羽状的花瓣，明亮的红色火焰般的配色，以及其他强烈而不寻常的配色方案，就像现代品种"雪焰"（Snow Flame）一样。花朵的这些不同寻常的配色方案来自病毒。病毒的 DNA 就像跳跃基因一样，可以插入植物的 DNA，原始的受感染细胞的子细胞就会产生不寻常的颜色标记。

颜色和斑纹是花朵吸引昆虫、鸟和人们前来观赏的手段之一。似乎从史前时代起，人们就开始对不寻常的花色进行观察和实验。今天，人们对兰花的颜色很感兴趣。兰花曾经非常珍贵，但现在已经相当普遍，有许多人种植兰花，并对新变种进行实验。世界各地的人们试图通过种植兰花获得不同的颜色和形状，并在大型的国际兰花展览上进行比赛。兰花有 3 片花瓣状的花萼和 3 片花瓣，这些花萼和花瓣在形状和大小上有很大的差异，有些种类的兰花在花瓣边缘还有褶皱。兰花花朵的颜色范围非常广，还常常会形成鲜明的对比。尽管如此，兰花种植者和公众可能也只知道已知的 26000 多种兰花中的一小部分，许多兰花只生活在热带地区。

花朵进化出鲜艳的颜色来吸引传粉者，也深深地吸引了园丁和植物育种者。而花朵还有另一种吸引我们的手段——它们的气味。关于气味的研究构成了最后一章的主题。

# 香气工厂：有用的香气

　　6月中旬，意大利山城拉维罗的主教座堂广场上弥漫着一股迷人的香气。整个镇子看起来也很迷人，但那是另一回事。当地的公共汽车沿地中海海岸爬上山，在离广场25码（1码=0.9144米）远的地方停了下来，花的香气浓得盖过了汽车排放出的废气味。我当时觉得，这一定是茉莉花（*Jasminum officinale*）的香气，但其实是另一种叶子、花朵形状与茉莉相似，气味也相似的意大利络石藤（*Rhyncospermum jasminoides*）散发的味道。

　　这段记忆告诉我们一些关于植物香气的信息。植物花瓣产生的气味会扩散到空气中。这种快速蒸发的物质被称为挥发物（volatile，来自拉丁语单词 volare，意为飞行）。即使在中等温度下，它们也能迅速从植物内部挥发出来。相比之下，水的蒸发则需要更多能量，而且只有在100℃的正常沸点下，水才能以相当快的速度蒸发。来自植物的挥发性分子一般都很小，比色素分子还小。

花的香味是在花瓣的细胞里制造的。那些脆弱的花瓣其实是令人惊叹的化工厂。植物的其他部分，如叶子和某些树的树皮也会产生气味。松林的气味令人难忘，尽管松树不是开花植物。许多植物的气味，如薄荷，很容易通过摩擦叶子或茎散发出来。但并不是所有的植物挥发物闻起来都那么宜人。生长在落基山脉的匍根花葱（*Polemonium viscosum*），其叶子和茎能散发一种强烈的臭鼬般的气味，在几米远的地方就能闻到。很少开花的巨魔芋（*Amorphophallus titanum*）有股腐肉的恶臭，能吸引传粉所需的苍蝇和甲虫，更不用说到植物园去的好奇探访者了。

花香同花瓣的颜色和形状一样，为的是吸引传粉昆虫和鸟类，并击退捕食者。有些植物挥发物能吸引草食动物的敌人，这正好验证了"敌人的敌人就是朋友"这句古老的谚语。植物的气味与植物的敌友共同进化，以确保种子的形成和植物的繁殖。气味的生产量通常在下午昆虫大量出没的时候达到最高，以使传粉的机会实现最大化。和花的颜色一样，许多花香对人类的吸引力是一种幸运的副产品，它们出现的时候我们甚至都不在旁边。事实上，我们为生产艳丽的花朵而进行的繁育和选择往往会导致香气的流失。

还有一些挥发物的作用是阻止捕食性昆虫，并保护植物免受真菌和细菌的攻击。这种天然的防御性正是香料在几千年来一直是笔大生意的部分原因。许多香料（如丁香）来自南亚和东亚，几个世纪以来，欧洲进口香料的生意促进了地区贸易。几次大发现之旅，其中也包括 1492 年哥伦布第一次到达美洲的那次，说到底其实是为了更容易地获取东方的香料，以及在遥远、辽阔的大陆上发掘新资源，包括新的植物和香料。西半球最早的探险家正是植物学家。

从花中提取的精油已经被人类使用了几个世纪，但直到 19 世纪以后，人们才建立了大规模的植物挥发物和染料生产线。从鲜花中提取的香水价格高昂，除了个人装饰之外，它们也有其他用途。食物的味道是味蕾感觉到的味道和食物被咀嚼时发出的气味的组合。但在香水和食品调味品行业发展成为大型产业之前，人们必须聘请化学家来鉴定植物的挥发性分子到底是什么，并在实验室里合成出来。这些行业收集了大量有关香气挥发物的信息。用醇类浸泡收集到的花瓣和其他植物器官，可以很容易地提取这些分子。时至今日，以这种传统方式制作香水的家庭作坊仍然存在。为了收集用于化学分析的挥发性物质，通常会用不透气的装置先把花包起来，然后用质谱分析法等技术对气体进行分析。

然而，尽管科学家付出了很大的努力，商业香水制品却很少能闻起来真的像花的香气。装有香水的小瓶精致漂亮、价格昂贵，标有茉莉花或栀子花的字样，它们可能闻起来很香，但其实只是可悲的替代品。其原因之一就是花朵通常会产生含有大量不同的挥发性分子的混合物，种类可以多达一千种。在这些挥发物中，有些拥有非常相似的化学基团，尽管它们在化学结构上差异很小，却可以产生非常不同的气味。在亲缘关系很近的花中，挥发性分子可能在相对数量（反映所需基因和基因产物的差异调节）和化学结构（反映合成挥发物所需的酶的编码基因活性）上都有差异。混合物中的哪些成分能吸引昆虫或鸟类，或能被制作成一种对人有吸引力的香水？要弄清楚这个问题并不容易。而且这个问题特别具有挑战性的另一个原因是，我们自己的嗅觉也依赖于一组复杂的神经细胞，对气味的感知也常常因人而异。气味的产生取决于植物的基因，而包括我们自己在内的动物闻到这些气味的能力却取决于动物的基因。

今天，许多曾经以香气闻名于世的植物几乎都已经失去了它们的气味。玫瑰就是一个很好的例子。归根结底，育种就是为想要的性状选择基因，人们早在认识基因之前就开始这样做了。许多玫瑰品种的培育都是为了制作鲜切花而提高花的品质，如颜色、花期等，同时，还要提高玫瑰经受长途运输的能力，以满足世界各地花卉爱好者的巨大需求。在这个过程中，玫瑰的香气就消失了。那些保留了香气的品种，如茶玫瑰，现在非常珍贵。

与颜色一样，挥发物的化学成分取决于编码蛋白酶的基因。这些酶依次发挥作用，便可以从前体分子中产生复杂的气味分子，这些前体分子的存在依赖于其他基因和酶。不同分子的相对数量依赖于编码 RNA 和蛋白质的其他基因，这些基因对制造气味的基因进行着调节。

当我们闻到玫瑰的味道时，我们就是在收集几百种不同分子的混合物。其中的每一种都是一系列基因和它们编码的酶的产物，这些基因和酶使玫瑰花瓣中发生了特殊的化学反应。许多挥发性物质是由苯丙氨酸这种氨基酸制成的。

所有生物细胞都需要苯丙氨酸，因为它也是许多蛋白质的重要组成部分。植物可以自己制造苯丙氨酸，但是许多动物，包括人类，自身都不能制造这种分子。我们需要依靠饮食来获取苯丙氨酸。然而，有一种遗传性疾病——苯丙酮尿症（phenylketonuria），却是由过量的苯丙氨酸引起的。过多的氨基酸会导致与本病相关的精神缺陷症状。对引起苯丙酮尿症的染色体突变检测呈阳性的新生儿，需要食用低苯丙氨酸含量的食物。

植物可以通过一组编码必需的蛋白质酶的基因，从更简单的分子中制造苯丙氨酸。苯丙氨酸是酪氨酸的近亲，酪氨酸是植物用来制造甜菜红素的氨基酸，也是一种"芳香化合物"，具有碳原子环。两者之间化学结构的不同之处在于，酪氨酸有一个额外的氧原子（以羟基的形式附着在碳环上）。事实上，哺乳动物都会用苯丙氨酸制造酪氨酸（和植物正相反）。由苯丙氨酸和酪氨酸衍生而来的具有宜人气味的分子种类很多。

　　植物能制造苯丙氨酸和酪氨酸，因此能制造蛋白质。但进化是机会主义的，也会把氨基酸利用在其他地方。氨基酸的每种用途都依赖于一个或多个额外基因的进化，这些基因编码了制造芳香烃的酶，还编码了确保这些基因在正确的时间在花瓣中被打开所需的蛋白质和 RNA。一些芳香挥发物起源于基因重复事件，然后基因进行复制，突变就传了下去。这一模式我们已经讲过几次了。这是一种强大的方式，通过自然选择，变异基因就会留在这个物种的基因组中。

　　要从氨基酸、苯丙氨酸或酪氨酸中的任何一种生成挥发性芳香剂，还需要通过一种或多种特定的酶催化的许多反应，对氨基酸进行"化学手术"。其中一种"手术"是从氨基酸中除去氨基（$-NH_2$）。如果起始分子是苯丙氨酸，结果就是一种叫作肉桂酸（cinnamic acid）的分子；如果起始分子是酪氨酸，结果就是香豆酸（coumaric acid）。肉桂酸和香豆酸的唯一不同之处在于，香豆酸和酪氨酸有相同的附加氧原子，这个氧原子以羟基的形式存在于分子中。大多数（但不是全部）的植物芳香族化合物就是从这两个分子中的其中一个衍生而来的。

　　肉桂酸这个名字应该不难理解，正是它让肉桂有了我们熟悉的气味。肉桂是樟科肉桂属常绿树种的干燥树皮。它向我们证明了，除了花瓣，还有许多植物器官能制造芳香族化合物。从苯丙氨酸中去除氨基的酶被称为 PAL，由 *PAL* 基因编码。大多数植物都有一个以上的 *PAL* 基因。例如，拟南芥有四个 *PAL* 基因，这些基因在植物的不同部位具有不同程度的活性。拥有多个 *PAL* 基因是很重要的，因为苯丙氨酸减去氨基之后生成的肉桂酸除了用作挥发物之外，还能用来合成许多植物分子。这些分子中包括木质素——一种在树木中发现的巨大分子，还有用来给花着色的类黄酮色素。有些植物还会使用 PAL 酶开启一系列反应以生成查耳酮，并最终合成花青素。

丁香酚（eugenol）是一种由香豆酸和酪氨酸间接合成的植物芳香族化合物。许多人在牙医手术中见识过丁香酚，它经常被用作一种温和的麻醉剂。肉桂和罗勒的那种辛辣草药味也部分依赖于丁香酚，《圣经》中提到的乳香和没药的医疗功效也应归功于丁香酚。

从苯丙氨酸到芳香族化合物的另一条途径需要对氨基酸进行两次切除。利用这种途径，氨基（-NH$_2$）和羧基（-COOH）这两个氨基酸的代表性基团都会被切除，由此产生的分子也是制造许多其他芳香族分子的起点。在玫瑰花瓣中进行这一手术的酶，在成熟的花中含量最丰富，并会在下午达到最高值，此时正是吸引传粉昆虫的关键时段。这是第 5 章所描述的生物钟工作的另一个例子。进化确保了基因在被需要的时候最活跃。

鉴定负责从苯丙氨酸中去除羧基的酶的基因堪比侦探工

作。人们首先分析了其他生物体内功能类似的基因，然后在植物基因组数据库中进行了搜索，想要找出哪些基因能产生从苯丙氨酸中除去羧基的酶。很幸运的是，科学家们还真发现了一段与某种动物基因相似的植物DNA，这种动物基因能从一种与苯丙氨酸十分相似的分子——多巴分子中切除羧基。耳熟吗？就是用来治疗帕金森病的多巴。这一基因存在于花朵的花瓣和子房中，在植物利用苯丙氨酸制造挥发物时活性最高。当这种基因的活性在矮牵牛突变株中通过实验调低时，芳香族化合物的生产就停止了。这种情况在玫瑰中也是如此。

这种基因在矮牵牛和玫瑰花中编码的植物蛋白酶，在结构上有65%与从多巴中去除羧基的动物蛋白酶相同，与从其他分子中去除羧基的植物蛋白酶也相似。所有这些基因都属于一个基因家族。因此，我们可以得出这样的结论：它们都是由某种基因的共同祖先进化而来的。

开花植物还有很多用来编码生产芳香族化合物的酶的基因。它们都是从哪里来的？可能大多数（绝非所有）都与对其他植物功能至关重要的基因有关，并且是由过去的基因重复产生的。受欢迎的茶玫瑰带有一种特有的芬芳茶香，其"茶味"基因就是这么进化而来的。18世纪末，当古老的中国玫瑰进入欧洲时，人们发现它们有一种不同于欧洲玫瑰的香味。许多年后，人们鉴别出了与这些独特气味相关的特定化合物。那时，中国玫瑰和欧洲玫瑰的杂交品种也已经培育出来了。被称为茶玫瑰的杂交品种很受欢迎，原因之一就是它们浓烈迷人的香味，而这种性状来自杂交种的中国亲本。在这些形成香气的分子中，一种芳香分子（3,5-二甲氧基甲苯，简写为 DMT）贡献了 90% 的挥发物质。欧洲玫瑰的花瓣即使能产生这种分子，也产生不了太多。

DMT 分子与其他植物芳香族化合物一样，中心都有一个由 6 个碳原子构成的环，很多芳香族化合物分子还在这个环外装饰有各种碳、氢和氧原子。不同的基因和酶赋予了植物装饰这个环的能力。在中国玫瑰的基因组中，有两种在花瓣中活跃的酶可以进行这样的修饰，从而合成 DMT。为什么欧洲玫瑰不能这样？因为它们没有进行适当修饰所需的基因。在中国玫瑰体内，有两种关系密切却并不相同的基因，共同导致花朵产生了合适的化学变化。这两种基因可能是中国玫瑰从过去发生的突变中遗传而来的，它们分别名为 $OOMT_1$ 和 $OOMT_2$。纯粹从欧洲起源的玫瑰只有这两种基因中的一个，而 DMT 合成所需的芳香环修饰却需要这两种蛋白质一起正常工作才能完成。$OOMT_1$ 和 $OOMT_2$ 两种酶的 350 种氨基酸中有 96% 都相同，但只要有一种氨基酸起变化，就很可能让它们在花瓣细胞中进行不同的工作。所有这一切都表明，最初玫瑰内部只有一个 $OOMT$ 基因，后来这个基因发生了重复，在产生的两个副本中，其中的一个又发生了突变，从而改变了它编码的蛋白酶的氨基酸序列。

那么，哪个基因才是最早的？如果对许多不同玫瑰的 $OOMT$ 基因进行比较，就会发现大多数玫瑰都有 $OOMT_2$，但只有由中国玫瑰的祖先进化而来的玫瑰品种才有 $OOMT_1$。玫瑰进化史的这个特点说明中国玫瑰出现的时间可能比其他玫瑰晚。如果真的是这样，那就将强有力地证明 $OOMT_2$ 已比 $OOMT_1$ 存在了更长时间，并且曾经发生过基因重复。

这种基因发生重复和突变的目的不可能是制造出香气来吸引人类。那么，为什么重复得来的新基因能存活下来并获得成功呢？结果表明，玫瑰的重要传粉者蜜蜂似乎也能感知到 DMT。也许额外剂量的 DMT 给了中国玫瑰在自然界中的繁殖优势。

也有许多植物挥发物与苯丙氨酸和酪氨酸无关，其中一些最重要的挥发物却与松节油（turpentine）相关。"松节油"这个词可能并不会让人联想到漂亮的花朵或者美妙的香气。相反，它会让我们想到绘画。松节油来自常绿树木的树皮和木材，主要来自松树。另一种化合物萜烯（terpene）也由它得名，参与构成许多花的香气。

松节油是由萜烯类化合物组成的混合物。所有萜烯类化合物的共同之处在于，它们都是由一定数量的分子构成的，每个分子含 5 个碳原子。有些萜烯有 10 个碳原子，有些萜

烯有 15 个碳原子，都是 5 的倍数，以此类推。萜烯的基础
分子是异戊二烯，异戊二烯由 5 个碳原子构成，在植物的好
几个器官中都能制造。它具有挥发性，大部分都释放到了空
气中，排放量每年超过 5 亿吨。它也是参与对流层臭氧合成
的分子之一。一萜烯和倍半萜烯是合成花香、香水、草药和
香料气味的重要分子。倍半萜烯是植物的抗生素，也有助于
其抵御食草动物。甚至维生素 A 的生产也会涉及部分由异戊
二烯单元组成的分子。100 多个异戊二烯单元结合起来可以
制造橡胶。植物至少有两种合成异戊二烯的途径，每一种都
依赖于几种酶和编码它们的基因。

　　植物并不是萜烯的唯一制造者。植物利用倍半萜烯制造
香气，而动物（包括人类）则用它们来制造胆固醇。不仅如此，
在植物和动物体内，制造倍半萜烯的基因和蛋白质也非常相
似，这表明动植物在进化过程中有着相同的亲缘基因，然而
植物根本不会制造胆固醇。

　　结合两个含有 5 个碳原子的异戊二烯单元的基因和酶，
是启动许多种萜烯合成反应的第一步。含有 10 个碳原子的
萜烯产物叫作牻牛儿基二磷酸（geranyl diphosphate）。
在不同的植物中，负责连接异戊二烯单元的酶结构相似，这
提醒了我们，在地球的历史上，所有的开花植物都有共同的
祖先。

　　对花香感兴趣的科学家已经建立了包含数千种不同

DNA 序列的"基因文库"，每个 DNA 序列都代表一个在花瓣中启动的基因。科学家将每个不同的 DNA 片段都与一段可在细菌中复制的 DNA 序列相连，然后将这段"重组"DNA 植入细菌细胞，并保证每个细菌只得到一个重组体，然后再将细菌涂布到含有营养物质的平板上进行培养。这样，我们就可以在平板上得到许多小的菌落，每个菌落都包含最初涂布的细菌的后代，每个菌落也都包含一个来自花瓣 DNA 的独特 DNA 序列。为了获取有用信息，我们还需要对每个菌落中插入的 DNA 片段中的四种碱基进行测序，并输入到一个可访问的数据库中。这就为每个菌落提供了一个独特的身份——一个由花瓣 DNA 的原始片段定义的身份。这是第一步。

第二步是在许多不同的花瓣 DNA 片段中，搜索那些编码出的蛋白质与已知基因相似的片段。在本章的例子中，人们已知一种能在薄荷中合成牻牛儿基二磷酸的酶和编码这种酶的基因。接下来的任务就是在金鱼草的"DNA 文库"中寻找与这种薄荷的基因相似的基因（即 DNA 序列）。找到之后，再让这些细菌利用金鱼草基因去制造相似的蛋白质。果不其然，这种蛋白质确实催化了含 5 个碳原子的分子生成牻牛儿基二磷酸。这一实验流程是分离许多与造花有关的基因的基础。

像植株和花中的许多活动一样，催化形成牻牛儿基二磷酸的酶（这种酶被称为牻牛儿基二磷酸合成酶）的基因只在特定时间内在花瓣中活跃。基因表达的时间可以通过重组DNA 作为探针来进行检测，检测的目标是 RNA 产生的时间和数量。果然，当花蕾开始绽放时，花瓣中的信使 RNA 和相应蛋白质的数量就会增加，而且主要在花瓣中出现，在花萼、心皮或雄蕊中很少。正是通过这样的技术，科学家们将与花香相关的基因的拼图一块块拼了起来。

　　那么茉莉花的浓烈香气又是如何制造的呢？在本章的开头，我曾描述过记忆中的茉莉花香。茉莉花有 40 多种，每一种的气味都略有不同。所有这些香气是由多达 300 种不同分子组成的混合物产生的——难怪香气这么难以复制。这些分子中有一些是丁香酚类的芳香族化合物，还有一些是萜类衍生物。但是还有一种重要的成分是另一种分子——茉莉酸甲酯（methyl jasmonate），这种分子的名字就来自茉莉花。茉莉酸甲酯的合成也是花朵利用所有植物细胞都可制造的分子合成特殊物质的又一个例子。

　　植物的脂肪之一是一种叫作亚麻酸（linolenic acid）的分子，它带有一条由 18 个碳原子组成的长链，其名称来自亚麻制品（linen）的来源——亚麻科植物。亚麻科植物有许多种，它们都是亚麻科亚麻属的一部分。与亚麻有关的另一种常见物质是亚麻籽油，它来自亚麻科植物的种子，可用于工业，也可用作烹饪。甚至连油毡（linoleum）这个词也有同样的词根，因为这种材料最初是用亚麻籽油制成的。众所周知，亚麻酸是一种欧米伽脂肪酸（omega fatty acid）。欧米伽脂肪酸是生物正常生长和发育所必需的物质，但是人类和其他哺乳动物都无法自己制造它。我们没有制造亚麻酸所需的酶和基因，所以我们必须依赖于食物，如鱼类、豆类和坚果，来获取欧米伽脂肪酸。

植物细胞确实有能够产生亚麻酸的基因，进化还利用它制造出了许多其他有用的分子。亚麻酸中 18 个碳原子的长链其中一端的碳原子是羧基（–COOH）的一部分。当亚麻酸经过几个化学步骤后产生茉莉酸时，该羧基仍然存在。茉莉酸只有 12 个碳原子，比亚麻酸少 6 个，其制造过程中涉及的每一个化学步骤，都依赖于一种蛋白质酶和编码该酶的基因。

茉莉酸对植物来说也有很多重要的作用。其一是在昆虫伤害植物后调整各种基因的活性。茉莉酸对花粉生产而言也很重要，如果没有茉莉酸，花就会不育，除非这朵花再由产生茉莉酸的植物授粉。但是茉莉酸没有气味，若要产生气味，植物必须再制造两个相关的分子。花需要一种制造特殊蛋白酶的基因，这种酶可以去除茉莉酸尾部的羧基，制造出茉莉酮，茉莉酮有 11 个碳原子。另一种基因和它的酶则会在茉莉酮上再添加一个甲基（–CH$_3$），生成茉莉酸甲酯。茉莉酮和茉莉酸甲酯都是茉莉花等植物的香气挥发物，香水制造者会将这类化合物添加到他们的混合物中。

　　不同种类的花朵进化出特殊的颜色、形状和香味，都是为了吸引特定的传粉者。但是许多花还提供一种额外的诱惑——花蜜，享用花蜜是对传粉者服务的奖励。茉莉酸对植物的另一作用是刺激花蜜的产生。进化不会浪费资源——风媒传粉的植物通常不会产生花蜜。

　　古代神话说，神可以单以花蜜为食。这并不奇怪。花蜜富含糖、氨基酸和蛋白质，营养结构相当完整。除了美味之外，许多花蜜还有诱人的香味、抗生素和驱逐动物访客的分子。所有这些成分的制造及其汇集成为一个整体后从细胞中释放的过程，都是花朵构建的重要步骤。

　　虽然花蜜的制造对整个植物系统来说，肯定与颜色和气味的制造一样重要，但植物学家对花蜜形成的研究才刚刚开始。花蜜的实际成分在不同物种之间，甚至在同一物种的不同个体之间都有所不同。每种花都会产生不同的花蜜混合物，这种混合物似乎是与造访过这种植物的特定动物或微生物共同进化的，微生物可以感染植物，并争夺花蜜中的营养物质。例如，蜜蜂似乎会被咖啡因吸引，而花蜜中正好就含有咖啡因。即使某些成分在不同的花蜜中普遍存在，其相对含量也会因植物的不同而有所不同。例如，由蚂蚁和蝴蝶传粉的植物，其花蜜就会比由鸟类和蝙蝠传粉的植物的花蜜含有更多氨基酸，而后者的传粉动物可以通过其他方式满足对氨基酸的需求。

到目前为止，花蜜中最丰富的成分还是糖。花蜜中的一些蛋白质似乎是一些抗生素酶，可以使病原入侵者（如酵母菌和其他微生物）丧失致病能力或死亡。其他酶则负责将糖转化为不同的形式，以更符合传粉者的口味。通过酶进行催化的转化反应在花蜜中很常见，这种反应能将复杂的糖转化为葡萄糖，因此为传粉者所青睐。有关植物如何制造花蜜中的各种糖类的问题，人们已经非常了解了。一种叫作SWEET9 的蛋白质解释了一种特殊的糖从细胞中释放出来并沉积在花蜜中的原因。但是对于其他花蜜成分的制造，人们还知之甚少。

花瓣和花萼会从花蕾中冒出来，类似地，花蜜最初也通常是在花中积聚的。在某些花中，人们可以找到一种特殊的细胞群，就是产生花蜜的蜜腺（nectary）。而在另一些花中，产生花蜜的细胞似乎就稀疏地散布在花瓣表面。还有的植物，产生花蜜靠的是花旁边的其他植物器官。花蜜一旦制成，就需要从细胞中释放出来。而刚刚负责制造花香的物质——茉莉酸，就能刺激至少几种植物的花蜜分泌。

植物把大量的资源投入制造花的颜色、香气和花蜜中，所有这些都是为了确保能吸引传粉者。花的形状常常会与传粉者共同进化，以便传粉者更容易接触花蜜和花粉，提高传粉效率。植物也许不能移动自己的位置，但它们的花能吸引动物来帮助它们受精，并传播种子。

　　花惊人的多样性是进化的结果，这些变化促进了开花植物的有效繁殖，而人类是意外的受益者。美丽的鲜花、鲜艳的色彩和令人陶醉的香气，能使我们的生活更加美好。无须惊叹，花激发了世界各地几个世纪以来的艺术和文化。更重要的是，人类和其他动物的食物也依赖于植物的成功传粉。传粉产生种子，种子给了我们粮食，如玉米和小麦以及各种蔬果。

　　在花朵颜色、形状和气味发展的背后，隐藏着的是所有的基因，以及它们编码的蛋白质和 RNA，也包括调节其他基因活动的基因。这些基因编码了花的各个器官，制造了产生色素和香气的酶。所有这些基因的活动都会受到各种基因标记的调节，而关于这些标记的细节仍有待阐明。本书只是管窥了与开花有关的遗传学的复杂性，其中有很多事实连科学家都还不了解。这是一个我们仍然还在继续拼凑的故事，即使在我写作的过程中，这一故事也仍在发生并发展着。

# 致

## 谢

　　本书所讲的故事建立在许多杰出科学家发表的著作的基础之上。我在本书中并未列出发现史上所有相关人员的名字。根据当代生物学领域的出版习惯，实验室的高级研究员会列在作者名单的最后。然而，一般来说，论文著作就会归属在此人的名下，而在高级科学家的指导和启发下，实际从事实验工作的学生和博士后就会被遗忘。这名高级研究员还要负责获取项目所需的财政支持。我感谢所有这些科学家发表的科学论文，这些论文教会了我植物开花的相关知识，使我能够与读者分享它们的故事。

　　加州理工学院的埃利奥特·迈耶罗维茨（Elliot Meyerowitz）是一位权威的植物学家，他的科研成果对植物开花过程的科学描述产生了重大影响。我在自学植物开花的奇妙故事时，他慷慨的分享、明澈的思路给了我很大的帮助。我非常感谢他的建议，他帮我厘清了复杂的生物学原理。

　　我还要感谢卡内基科学研究所的同事苏珊娜·加维

（Susanne Garvey），她阅读了整部手稿，提出了一些建议。她是那种罕见的懂得如何阅读科学著作的人文主义者。

书中的任何错误都由我本人负责。

最后，我要感谢我几十年的朋友内奥米·费尔森菲尔德（Naomi Felsenfeld），她是一位知识渊博的野生花卉寻觅者，我的好伙伴。她坚定地向我提出过一个非常有用的忠告，那就是：不要费心去辨认许多像雏菊一样的小花。关于棕色的小鸟她也这么说，但观鸟是她的兴趣，不是我的。

# 术语表

氨基酸（amino acid）：蛋白质的化学结构单元。

苯丙氨酸（phenylalanine）：蛋白质必需的二十种氨基酸中的一种。

表观遗传标记（epigenetic marks）：附着在四种常见 DNA 碱基上的化学基团（如甲基），它会对基因发挥作用产生影响。

表观遗传擦除因子（epigenetic eraser）：去除一个或多个表观遗传标记的酶。

表观遗传识别因子（eigenetic reader）：一种识别并作用于表观遗传标记之存在的蛋白质。

表观遗传写入因子（pepigenetic writer）：将表观遗传标记组添加到 DNA 碱基的酶。

查耳酮（chalcone）：植物制造的促进香味的复杂分子。

成花素（florigen）：一种启动花朵形成的植物激素。

橙酮（aurone）：植物制造的复杂分子，能让花瓣产生颜色，特别是黄色。

赤霉素（gibberellin）：调节植物生长发育的植物激素。

雌蕊（pistil）：包含卵子的花器官，通常被描述为花的雌性器官。它可由一个心皮或几个融合的心皮组成。

蛋白基因（protein gene）：包含特定蛋白质氨基酸序列的密码子（遗传密码）的 DNA 片段。

蛋白质（protein）：由许多氨基酸构成的复杂大分子。

分生组织（meristem）：一组生长的、尚未分化的植物细胞，通常在芽和根的顶端。

分子克隆（molecular cloning）：基因组中特定的 DNA 片段的分离、复制和增殖。

干细胞（stem cells）：存在于动物和植物体内的一类细胞，通过细胞分裂和分化，产生许多不同种类的细胞。

管状花（disc flowers）：复合花中心的许多小花，周围都是花瓣。

光合作用（photosynthesis）：绿色植物将太阳能转化为化学能来构建植物成分的过程。

光敏色素（phytochrome）：吸收红光和红外光的植物色素。

核糖核酸（RNA）：核糖核酸负责将 DNA 编码的信息带到细胞中使用它的地方。

核糖核酸基因（RNA gene）：指定 RNA 分子（如核糖体

RNA）的碱基种类和序列的 DNA 片段。

核小体（nucleosome）：由组蛋白和缠绕在其周围的 DNA 片段（大约 140 个碱基对）组成。核小体是染色质的一个基本单位。

花瓣（petal）：花的一部分，像叶子一样平整，通常不是绿色的。

花萼（sepals）：通常是绿叶状的部分，覆盖花苞，当花开放时，通常位于花瓣下面。

花青素（anthocyanin）：把花染成蓝色、紫色和红色的植物色素。

花药（anther）：位于雄蕊顶部，产出花粉。

花柱（style）：心皮或雌蕊的轴。

基因（gene）：遗传信息的基本单位，DNA（部分 RNA）长链的片段。

基因组（genome）：任何生物细胞中 DNA 总量和遗传信息的总和。

甲基（methyl group）：与三个氢原子相连的碳原子；甲基可以作为表观遗传标记。

碱基（base）：DNA 之中的四种分子单位，分别是腺嘌呤、胸腺嘧啶、胞嘧啶和鸟嘌呤（分别缩写作 A、T、C 和 G）。

类胡萝卜素（carotinoid）：呈现红色和黄色的天然植物色素。

密码子（codon）：来自 DNA 上的碱基三联体，或位于由 DNA 转录而来的 RNA 上，代表指定的氨基酸，例如蛋氨酸的密码子 AUG。

内含子（intron）：中断基因编码区的非编码片段，会在一个基因形成的 RNA 拷贝中被剪接掉。

拟南芥（Arabidopsis）：在很多当代植物研究中使用的一种植物属。

配子（gamete）：卵子或精子，有性生殖生物体的生殖细胞。

染色体（chromosome）：构成染色质的 DNA 和蛋白质的单独组合。

染色质（chromatin）：通常存在于植物细胞核中的 DNA 和蛋白质的结合。

舌状花（ray flower）：围绕在复合花（如向日葵）中心盘周围的长形花，在这些花中，它们通常被视作花瓣。

生长素（auxin）：刺激生长的植物激素。

属（genus）：一类相关但不完全相同的生物。例如，菊属包括通常被称为雏菊的花和被称为菊花的花。

甜菜红素（betaine）：某些红色和黄色的植物色素。

突变（mutation）：由于 DNA 序列的改变，DNA 中编码的遗传信息发生了变化。

脱氧核糖核酸（DNA）：保存遗传信息的大分子。

心皮（carpel）：花中的雌性生殖元素；雌蕊由一个或多个心皮组成。

信使核糖核酸（messenger RNA）：从每个基因的 DNA 上复制出来的 RNA，为细胞的蛋白质合成提供信息。

雄蕊（stamen）：含有花粉的花器官，通常被描述为雄性生殖器官。

叶绿素（chlorophyll）：植物中的分子，能从太阳处接收光能并产生绿色。

遗传密码（genetic code）：包含在 DNA 碱基三联体中的各种信息，这些 DNA 碱基会指示特定氨基酸来合成蛋白质。

种（species）：一组相关的个体（植物或动物），相互之间可以繁殖并产生可育的后代。

柱头（stigma）：心皮或雌蕊的顶端，花粉聚集处。

组蛋白（histone）：与 DNA 相互作用形成染色质的蛋白质。

# 延伸阅读

Bangham, J. A new take on flower arranging. *Nature Review Genetics* 6 (2005), 2.

Benfey, P. N., and T. Mitchell-Olds. From genotype to phenotype: systems biology meets natural variation. *Science* 320 (2008), 495–7.

Buchanan, B. B., W. Gruissem, and R. L. Jones. *Biochemistry and Molecular Biology of Plants*. (Rockville, MD: American Society of Plant Biologists,2000).

Chamovitz, D. *What a Plant Knows*. (New York: Scientific American/Farrar, Straus and Giroux, 2012).

Grant, V. *The Genetics of Flowering Plants*. (New York: Columbia University Press, 1975).

Jack, T. Molecular and genetic mechanisms of floral control. *The Plant Cell 16*(Suppl) (2004), S1–17.

Levy, Y. Y., and C. Dean. The transition to flowering. *The Plant Cell 10* (1998), 1973–89.

Pavord, A. *The Naming of Names.* (New York: Bloomsbury, 2008).

Reddy, G. V., M. G. Heisler, D. W. Ehrhardt, and E. M. Meyerowitz. Real-time lineage analysis reveals oriented cell divisions associate with morphogenesis at the shoot apex of *Arabidopsis thaliana. Development* 131 (2004), 4225–37.

*Science Magazine.* 320/5875 (25 April 2008). Special issue on plant genomes. Singer, M., and P. Berg. *Genes and Genomes* (Mill Valley, CA: University Science Books, 1991).

Smyth, D. R., J. L. Bowman, and E. M. Meyerowitz. Early development in Arabidopsis. *The Plant Cell 2* (1990), 755–67.

Swiezewski, S., F. Liu, A. Magusin, and C. Dean. Cold-induced silencing by long antisense transcripts of an *Arabidopsis* Polycomb target. *Nature* 462 (10 December 2009), 799.

Wigge, P. A., M. C. Kim, K. E. Jaeger, W. Busch, and D. Weigel. On the origin of flowering plants. *Science* 324 (2009), 28–31.

## 出版鸣谢

感谢允许在这本书中使用以下版权材料。

有内容节选自霍顿·米夫林出版公司出版的艾丽斯·沃克尔的《紫色》。

THE COLOUR PURPLE by Alice Walker

Copyright © 1982 by Alice Walker.

Used by permission of Houghton Mifflin Harcourt Publishing Company.

All rights reserved.

出版社和作者已尽一切努力在出版前搜索和联系所有著作权所有人。一旦得到通知，出版社将积极纠正任何错误或遗漏。

牛津大学出版社